软装设计师养成指南

李佩芳　著

江苏凤凰科学技术出版社 · 南京

图书在版编目（CIP）数据

软装设计师养成指南 / 李佩芳著．-- 南京 ：江苏凤凰科学技术出版社，2022.7
ISBN 978-7-5713-3030-9

Ⅰ．①软… Ⅱ．①李… Ⅲ．①室内装饰设计 Ⅳ．①TU238.2

中国版本图书馆CIP数据核字（2022）第108734号

软装设计师养成指南

著　　者　李佩芳
项目策划　凤凰空间 / 翟永梅　庞　冬
责任编辑　赵　研　刘屹立
特约编辑　庞　冬

出版发行　江苏凤凰科学技术出版社
出版社地址　南京市湖南路1号A楼，邮编：210009
出版社网址　http://www.pspress.cn
总　经　销　天津凤凰空间文化传媒有限公司
总经销网址　http://www.ifengspace.cn
印　　刷　雅迪云印（天津）科技有限公司

开　　本　710 mm×1 000 mm　1 / 16
印　　张　15.5
字　　数　200 000
版　　次　2022年7月第1版
印　　次　2022年7月第1次印刷

标准书号　ISBN　978-7-5713-3030-9
定　　价　88.00元

前言

我并非科班出身，只是在耳濡目染下对室内设计产生了浓厚的兴趣，称不上专业，仅是略懂皮毛而已。不过对于布置装饰这件事，则是因为自己从小就对美的事物很感兴趣，而且一直以来都在关注并尝试，从改造自己的房间开始，慢慢地也开始为别人改造家，至今算得上是小有心得。确实，一件事情通过反复地练习之后，便会自然而然成为生命的一部分，这些你也能做得到。

后期，因缘际会受到邀请，开启了软装课程之旅。我认为开设辅导班是一个很好的方式，可以让更多对这个领域感兴趣的人有更系统、更完整的内容可以去学习、交流。我也深信每个人都是有创造力和审美感知力的，差别在于它有没有被开发出来。

有一天我收到出版社的邀请，对方想请我参与撰写一本关于软装设计方面的工具书，我非常兴奋，但没有出书经验的我在开始写作之前真的相当苦恼：究竟该从何说起？该以什么样的角色来分享这些内容？要说给什么样的人听？如何以浅显易懂的方式，为读者有效地解决疑惑？……这些对我来说真的是一件很不容易的事情。

后来我想，既然自己每天的工作都是在回答问题，那何不将过去积累的经验作为这本书的内容基础，整理出自己经常被问到的问题来分享给大家，或许会给读者提供一些实用的帮助。

本书包含大量的实景图片，一些比较抽象的内容会借助手绘图的方式为大家深入解读。除了收录我个人改造过的空间以外，这本书中也包括部分我与其他设计师合作布置的案例，作为模板供大家欣赏或参考学习。另外，我常常去逛的家饰店、家具店，或是我觉得风格特别出众的咖啡厅或商业空间，也会一并分享出来，希望读者可以从中获取更多的灵感。

全书总共分为四大章节，方便大家快速找出自己在改造空间时可能会遇到的问题。然而，美感这件事是极其主观的，因此我仅依照个人的经验给予建议，并不是唯一或是“标准”的做法。只要是你自己喜欢的方式，如何来呈现空间的氛围都没有对与错之分。

祝福对软装有兴趣的你，希望通过学习本书中的软装知识，你能进一步朝着目标扎实迈进！

李佩芳

Carol Li

目录

第 1 章　新手不可不知的软装知识

基础

收纳

第 2 章　逐步打造属于自己的家居风格

风格

配色

陈列摆设

家具

第 3 章　空间中的魔法师——软装元素

照明

织品

植物

装饰品

第 4 章　不藏私的压箱宝

第 1 章

新手不可不知的软装知识

软装设计与室内设计有什么不同？要想成为一名专业的软装设计师，除了需要具备一定的审美能力之外，还要能掌控空间的布局、色彩、材质、风格等。本章将从软装设计的基础概念着手，让所有零基础且想深入了解软装设计的新手都能稳扎稳打地学习，迈向专业的软装设计师之路。

基础

Basic

软装设计师、室内造型师、布置师大不同？

说起室内设计，相信大家都不陌生。但近期常常听到大家的疑问是：软装设计是什么？软装设计师、室内造型师、布置师、风格师、家配师又分别是什么？其实，他们是非常相似的，仅有些许差异。

从古至今，举凡建筑、饮食、服饰乃至生活方式，东西方文化的差异一方面造成了某种程度的隔阂，但同时也缔造了许多有趣的东西，因而成为彼此的灵感来源。在现在这个网络发达的时代，信息传递得越来越迅速、广泛，世界已经发展到“无国界”的状态，

室内造型师也是软装设计师的意思，通过搭配一些软装元素，把空间装饰得更有风格和温度。

耘珽空间和 Carol 软装提供

越来越多的名词、逻辑与方法也都会参考欧美或其他国家。在一些领域中，汉语中的个别词汇是从英文、法文或日文直译而来的。

我们常常看到的英文decor或法文déco，是“装饰”的意思，decorator是指布置师，也可以说是软装设计师。而近年来国外又有了一个新职业，叫作“interior stylist”，中文虽然也可以译为“布置师”，但其实它更偏向于为空间做造型，打造出风格较为鲜明的特定空间，属于风格师的工作范畴。

所谓“布置师”仅是一个泛称，实际领域分得很细，包括住宅空间、商业空间、橱窗布置、会场布置，以及舞台布置等。就我本身而言，如果你要我去接洽一个婚礼布置会场，或是做一个橱窗设计，我可能会感到有点为难，你可能会好奇：不都是布置吗？

是的，它们都涉及空间陈设，可是家居空间、会场与橱窗讲究的效果、用意与目的截然不同，就像你不太可能把自己家里弄得像婚礼现场那样，充满大量张力十足的花艺、华丽的道具，或跟森林似的，让各种草球、小鹿、野兔出现在客厅。橱窗设计虽然很美，可是并不适合我们日常生活的状态。因此哪怕都是布置，也不能相提并论。而尽管我们锁定范围，单纯以家居布置为例，室内造型师、风格师与布置师、软装设计师也还是有些细微差异的。

家居生活空间除了需要具备和谐美感之外，也必须注重功能性和动线配置。

合砌设计和 Carol 软装提供

室内造型师、风格师的工作内容你可以想象，就是我们平常在家居杂志上看到的美美的照片背后的大功臣，他们更注重画面与平面摄影所呈现的丰富性、视觉效果与构图；而布置师、软装设计师则更看重实际生活中的实用功能、动线配置的流畅性，比起让画面充满浪漫色彩，是否便于业主打理、维护才是第一使命。但无论是室内造型师、风格师还是布置师、软装设计师，都是专业性极高的工作，都应具备对色彩、材质、陈设、美感整合的敏锐度。

PAUL KALANITHI
OPTION B
SHERYL SANDBERG
ADAM GRANT

美化空间的高手——软装元素

如果你本身喜欢浏览欧美的室内设计网站或相关图书、杂志，便会经常看到用“soft touch”或“soft finishing”这样的词语，来形容增加一些植物、抱枕、布料等作为收尾的点缀。这个“soft”就是中文“软装设计师”中“软”的由来。

软装，通俗的解释便是“用软装元素来做装饰”。而软装元素所涉及的内容范围也很广泛，并非大多数人联想到的只有装饰品，而是我们日常生活中所需要添购的各类单品，如家具、灯具、织品、饰品、花艺、香熏、艺术品和生活用品，大概可分为这八大类。软装元素的种类繁复众多，如果你还认为“我家不需要软装元素”“软装不就是摆一些没有用，但很容易落灰尘的东西吗”，那可真的要修正一下自己的观念了，免得引起大的误会。

软装元素涉及的范围很广，包括墙壁颜色、饰品、家具、照明灯具、织物等，泛指能够改善空间氛围的元素。

合砌设计和 Carol 软装提供

家配师是一个新兴的职业，也同样是业主美化空间的帮手，可理解为“家具饰品配置师”，通常服务于规模完整的家具店，提供定制化服务，协助顾客更轻松有效率地为家里挑选家具、装饰摆件，对墙面、地面、天花板等大面积的硬装选材、用色参与度较低。

近年来，新兴的整理师、收纳师也是业主的一大帮手。有时候我会收到私信寻求改造，但看完照片后，便会直接介绍合适的收纳师给业主，因为很多人的家其实不是丑而是乱，对症下药很重要。所以大家也可以自行了解关于收纳师的服务内容，或许是自己人生的另一座灯塔啊！

重新回到软装设计师、布置师、风格师和家配师的区别上来，其实大家的认知与实际上的操作内容，几乎没有严格的划分界限，都是以整体美感和实用性为出发点去规划空间。真正要区别的不是名称或头衔，而是从业人员本身的审美修养，或设计经验的多寡。是否能够与业主顺畅地沟通交流、解决空间的实际问题，才是业主在装修过程中，筛选一位得力好帮手的重要依据。

想为家居空间创造和谐舒适的美感，材质运用、色调选择、照明配置、视觉比例的拿捏等都相当重要，只有各方面都恰如其分才能营造出有品位、有质感的空间氛围。

改造空间该选室内设计师还是软装设计师?

大家可能会好奇，那我应该找室内设计师来改造我的家，还是找以软装设计为主的布置师呢？简单来说，室内设计是更偏向于“硬件”部分的，如隔断、房屋结构、水电设备等，而软装设计则偏向于“软件”的部分，如整体空间的色彩搭配、室内家具配置、装饰织品的选择等。你也可以根据以下三点来决定：

1. 空间本身的状态

如果你家本身是一个房龄在 20 年以上的老房，墙体存在问题，水电管线长时间没有更换，想改造隔断并加装数台空调，又想要定制一面搭配铁艺的玻璃推拉门来划分厨房与客厅的区域，此外，你还想要更换一下卫生间的洁具和瓷砖，最后再请木工师傅到现场打造几个收纳柜子，至于剩下的家具、窗帘选择什么颜色或款式，似乎没那么讲究，能用就好，那么我可以很肯定地告诉你，你更需要的是室内设计师而非软装设计师。

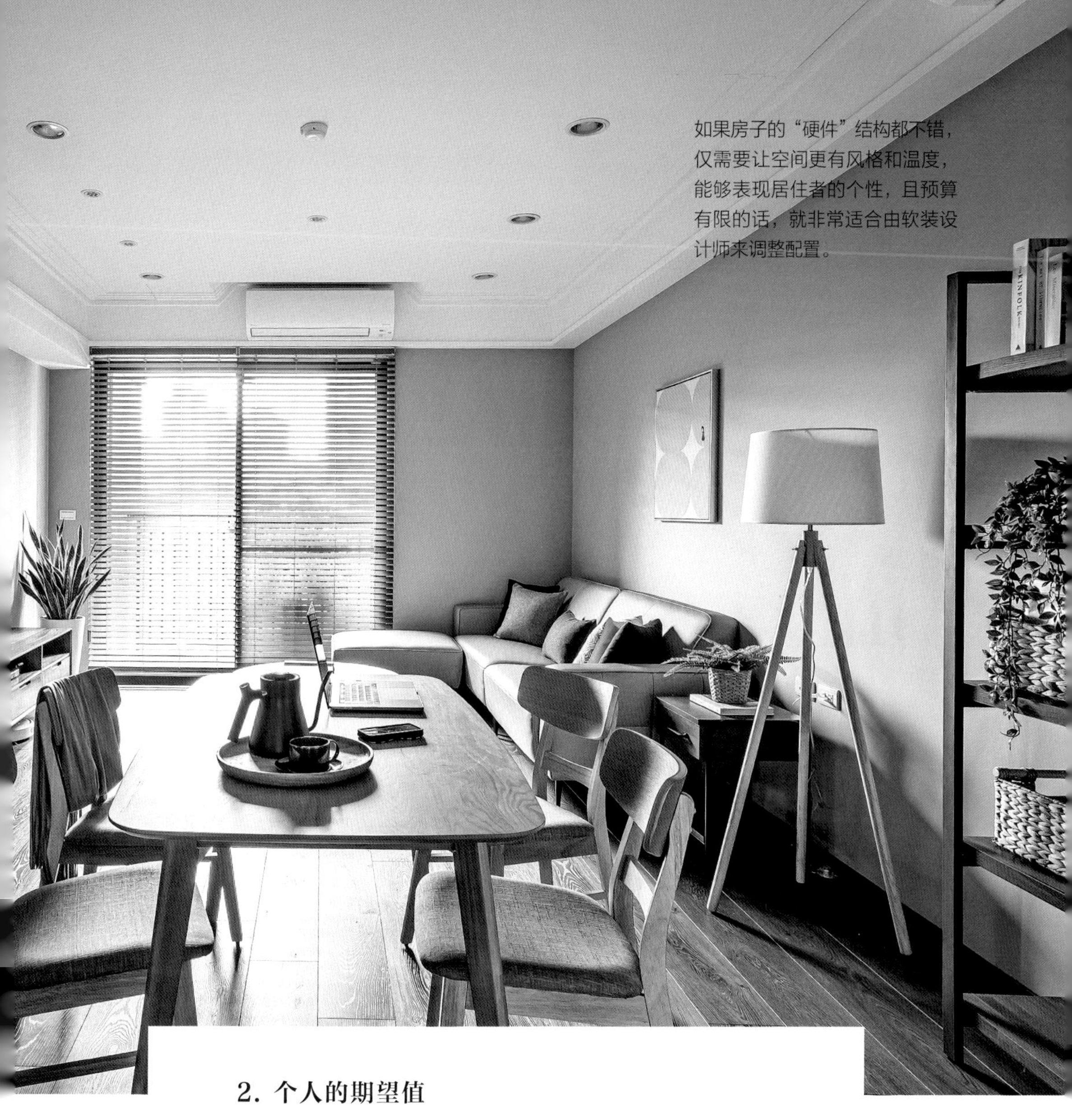

如果房子的“硬件”结构都不错，仅需要让空间更有风格和温度，能够表现居住者的个性，且预算有限的话，就非常适合由软装设计师来调整配置。

2. 个人的期望值

对于理想住宅的样貌，相信大多数人心中都有一幅蓝图。

如果你家没有线路老化的问题，也不需要增加隔断，甚至这只是一个打算栖身几年的出租房，但你仍希望空间能够符合自己的形象，或者喜好的风格，例如你对于理想住宅的想象，是有特定对象想摆放在空间之中的，或是平常你也是一个喜欢逛家居饰品店的人，有某种风格偏好等，那么我建议你聘请一名软装设计师。

要想让整个空间看起来更有风格且结构完善，体现良好的生活氛围，建筑师、室内设计师和软装设计师的相互搭配才是最理想的状态。

或者，对于家居空间你有大致的构想，但需要一位专业人士将这些零散的想法进行整合，以更体现美感和更加实用的方式呈现在空间之中，你需要的也是软装设计师。

3. 总预算

当你的预算比较有限时（例如，整个空间的总预算必须控制在 15 万元以内），只想找个半包工程队来施工，却不太确定要使用哪些材料和色调，才能让空间的整体视觉感舒适平衡、动线流畅，那请软装设计师来协调整体的配置，会是很明智的做法。

那有没有一种可能是“我两者都需要”呢？当然有的！实际上，双管齐下才是完善一个空间最好的方法。

室内设计师就像整形医生，而软装设计师类似于造型师，前者调配“骨架、肌肉”的比例，后者掌握“妆发、穿搭”的协调，所以说，一个完整的改造绝对不会只是简单的二选一。你可以想象一下：好不容易把五官、身形都雕塑得很棒了，却化了不适合的妆容、选了不适合的发型，再搭配上不适合的服装，那会是多么可惜的事啊！

如此一来，大家应该更了解这两种工作的区别，以及彼此的关系有多密切了吧。但如果你的预算实在有限，同时认为自家空间的条件很不错，只需“略施脂粉”即可，那么只找软装设计师来布置，当然也是可行的，甚至可以说他会是你更得力的好帮手。

有了良好的“骨架”，再点缀上合适的床品、抱枕、卷帘和绿植，空间就能散发出清新宁静的气息。

“软硬兼施”的室内规划

我也能亲自选购家具，不是吗？或是如果我已经找了设计师，不能请我的室内设计师顺便挑选吗？

时下正蓬勃发展的“室内设计”也就短短几十年的时间，而达到如今普及的程度，仅仅是近十多年的光景。

以目前发展比较成熟的高端设计公司为例，规模较大的室内设计公司通常会划分出各种部门，以团队协作的方式来进行硬装与软装的分工。在我们这里，软装部以前称为家饰部。而像这样“软硬兼施”的完整的室内规划，也主要是为了能为非常重要的业主提供满意的服务。

庆幸的是，随着时代的发展，现在的设计大环境终于有了改善，无论公司规模大小，越来越多的室内设计师开始列出具体、明晰的服务内容和收费标准，设计费、监理费、软装设计费等，逐项白纸黑字写清楚，让消费者来自行选择，使用者付费的观念终于初步成形。

具有公信力、规范的设计行业协会也跟着发展起来。业主和设计师都不需要再把大量的时间用在互相提防上，上演一出出“装修宫心计”，省下各自宝贵的时间，专注于把装修这件事情做对、做好，开开心心地合作，最后皆大欢喜。

事先与软装设计师或室内设计师确定好合同条款和工作内容，可以避免后期无谓的纠纷。只有将自己的想法开诚布公地与设计师讨论，才能建立愉快的合作关系。

我认为消费者不应该抱有请设计师“顺便选一下家具”的心态，而应该一开始就明确设计费所涵盖的服务内容。如果设计师仅处理施工工程问题，那么你要另外聘请软装设计师或家配师来协助。只有厘清彼此的需求，才不会在装修过程中产生争议，甚至造成彼此的不愉快。

专业证书并非万事通

首先，我们以国际标准来规范室内设计师：**一是大学本科毕业，二是在设计事务所实习过，三是考取相关证书。**

但现实的情况是很多行业的相关证书例如美发、厨艺、设计，都是在该行业稳定发展后才开始有了明确的条文规定。很多早年就起步的资深设计者正好横跨了职业资格证书从无到有的年代，或是在证书的必要性尚未被要求的年代，虽然他们不一定有证书，但并不代表他们没实力或没经验。如同大家都要考取大学英语四级、六级证书一样，但很会考试的人真的就能应用良好，跟外国人自如对话吗？因此关于证书或本科毕业之必要性这点，我想答案就留给大家去思考吧。

顺带一提，从学术角度来说，体系下所产出的室内设计师，求学期间也会学习家具、材料、色彩等相关知识，但终究不是整个学习过程中钻研的核心。至于软装设计师有没有证书可以考取，答案是目前没有。我认为比起正规教育体系，软装设计师这个职业更多靠的是美学素养、热忱和不断地练习。

当然，在工作的过程中一定也会遇到一些无法预知的状况，这需要我们从中学习并慢慢调整执行方式。一名出色的软装设计师绝对不是仅凭着一张证书就能证明其专业程度和设计能力的。

目前，软装设计师尚没有任何证书可以考取，但只要你对美学有感知，懂得材质运用、色彩搭配，能很好地掌握装饰比例等，就有机会通过专业的训练成为出色的软装设计师。

合砌设计和 Carol 软装提供

其实只要从小的地方不断练习，你也有机会能够成为空间造型师。

拥有这五大特质，助你成为专业的软装设计师

如果你有兴趣成为一名软装设计师，也累积了一些案例作品，那么的确可以成立个人工作室，收费帮客户布置空间。但应该如何收费？应该怎么安排工作流程？我认为每个软装设计师都有自己的方式。例如我的做法是当客户找到我时，我会先确认彼此是否合拍，进行初步筛选。通常我会要求对方提供：房屋的平面图或现状照片、偏好的风格照片（不同风格也没关系）、预算。

通过以上三点，我就可以判断自己对这个案子的把握度有多少，是否可以承接。接着才会进行下一步，并去现场勘查与详谈。后面的部分就是我们都可以想到的，不外乎就是色彩搭配，挑选家具、家饰、生活用品等。而我个人的做法是并不会直接全部代购采买、收货，而是会让业主有更高的参与度。

比如说，家具类别当然可以都是由我来寻找、搭配，但付款的时候我会请业主亲自去店里，现场体验过家具的实际质感后，让业主自己决定是否购买，然后再跟店员约定送货的时间。

将墙面刷成整面白色或灰色，灰白相间，再搭配上合适的家具，会使空间呈现出与众不同的氛围，这些都是软装设计师需要提前想清楚的。

这样的做法有三个好处：

（1）软装设计师可以更专注地进行软装搭配，规划家具动线，整合色系，而这些也是最困难、最复杂的部分。

（2）业主实际感受后，才能决定家具是否符合自己的生活习惯和需求，这样打造出的家居空间才是真正专为居住者而设计的。

（3）能避免业主认为软装设计师与家具公司有利益分配的情况，有利于建立起业主与软装设计师彼此之间的信任感。

因为我本身是一个比较能充分表达自己想法以及观察力比较敏锐的人，在认识到自己有这两个优势之后，它们就成为我工作上的两大利器。我可以通过短短几句话，大概知道对方适合什么、需要什么。

或许你的特质是非常亲切或非常勤劳；或是能给人一种很权威的印象；或是你非常擅长手绘、排版，可以做出一份很吸引人的海报；又或者你自己略懂木工，能帮助业主改造旧家具，使其变成独一无二的款式等。这都需要自己去观察、尝试之后才能确定，它们是否可以成为自己工作上的主力工具。关于这一点我觉得是没有快捷方式的。

如何成为一名让人信赖的软装设计师？我觉得真正的重点并不在于你的美感素养究竟有多高。假如大众的美感平均值是70分，那么你只要超过70分，可以说就有资格去为别人搭配空间。我认为具有同理心、理解能力，以及为人诚恳，才是最核心的价值。无论你是不是软装设计师，不管你从事什么职业，只要具有这三种特质，我都深深相信你是会成功的！

当然，具有极强的逻辑性也是必要条件之一，毕竟从空空荡荡的屋子到布置完成的过程需要经过严密的逻辑分析。例如空间是要贴壁纸，还是先刷乳胶漆？乳胶漆是需要整面的，还是搭配撞色？地板或窗帘究竟要选用哪种材质？空间整体色调的运用或哪一部分需要先施工，等等，这些都会影响到成本管控和完成时间。

令人信赖的软装设计师的必备条件

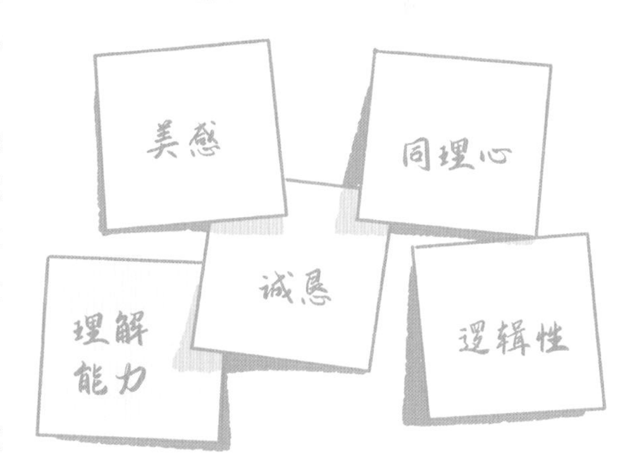

非专业人士也能步入软装设计行业

如果你毫无与设计相关的经验，但又想成为一名软装设计师，那要从何处开始呢？没有作品集该怎么办？其实，大家也不用觉得举步维艰，很多国外的软装设计师都是从布置自己的房间开始的。我的生活美学起源，也单纯是从小就特别喜欢布置自己的房间。我七岁起就有了独立的卧室，装点房间的每个角落就是我最大的乐趣，从选购装饰品、挪动家具的位置，到长大后

原本从事平面设计的艾莉卡（Erika），后来转攻织品设计，所有面料上的图案都是她亲自绘制的，再寻遍工厂筛选合适的面料，每一个印刷制作细节都绝不马虎，才能创作出令人惊叹的作品。

ERDA Living 提供

卷起袖子刷乳胶漆、改造小家具，进而开始帮助朋友们改造空间，给予他们合理的建议。在求学的过程中我完全没有接触过任何与设计相关的专业，但只要是跟空间美感有关的事物，总是特别吸引我。从生活中累积经验，以及在家具店的工作，积累了五六年的基本功，我也逐渐通过帮助身边的亲友布置空间而获得赞赏，才真正开始以软装设计为职业。

ERDA Living 提供

ERDA Living 提供

观察设计公司里从事软装设计的人员，我们也会发现，他们普遍的专业背景都是室内设计而非软装设计。据我了解，软装设计截至今天别说相关证书，甚至一些发达国家都还尚未有如同建筑设计、室内设计这样主修数年的系所存在，顶多是以短期进修班为主。或许是因为我的搜索引擎还不够强大，所以至今没有发现而已，因此很期待未来能有这样的学校，可以让更多对软装设计感兴趣的人能进一步深造。

在翻阅一些外版设计书刊时，我曾发现一个非常普遍的职业——织品设计师，他们的主要工作是设计各种布料的花色、材质，应用于服装或家纺用布，这也是跟家居设计息息相关的产业。所以说，很多行业都是我们不知道或是不熟悉的，但可能在其他国家和地区却是很热门的选择，因此不定期抽时间去多看一些相关信息或展览来弥补自己的不足，真的是很有必要。

小贴士

亲自动手，靠软装改造家居环境

正如前文提到的，如果你没有找室内设计公司去做完整的规划，那么就算预算有限也最好请软装设计师进行简单的改造，或是请家配师协助给予建议。但如果你还是觉得“我也可以自己处理就好了，不是吗？”那就要先问问自己：是否是一个对空间改造有兴趣，也有充裕的时间打理琐事，对家具尺寸、材质、配色等有概念，能把一个家加起来超过百项的大小单品有条理地组织起来并“乐在其中”的人？

改造一个空间真的不是“买些家具、饰品来摆放”那么简单，而是要有更全面的逻辑架构、流程分配和预算掌控，并确保动线流畅，最好还能呈现完美的质感。例如，对于一些体量比较大的家具，我通常会选择两三家家具店，这不仅易于掌握收货信息和联络流程，而且如果后期家具出现问题，也容易处理；而小型装饰物品则可以选择多家家居店，不仅方便搭配，而且能轻松掌控成本。如果这些对你来说没有太大的困难，那确实可以自己搞定，或许你真的很适合走这一条路。反之，如果仅仅是选个乳胶漆色号都会让你感到为难，或是一浏览家居网页就觉得头痛，那么寻求专业的设计师才会真的让你开心愉快地为空间变身哦！

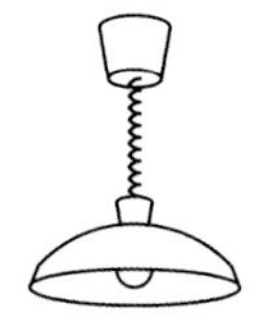

不必大兴土木就能改变空间的魔法

虽然有些软装单品具有画龙点睛的神效，但要特别强调的是，软装设计也并非万能，其特色是不需要敲砖砸墙，就可以轻松营造气氛，打造一个温馨且独具个人特色的空间。但相对而言，一些外露的水电管线是无法完全被遮蔽的，格局也不便做出实际的改变。这如同造型师只能借助服饰、妆容、发型来修饰你在意的缺点，但并不能像外科手术那样改变本质的条件。

因此，作为业主的你应先评估一下自家目前的状态与期望值的差距，然后做到心中有数，应该怎么协调改造，如何分配室内设计师与软装设计师的比重，甚至是自己搞定。

房屋拥有良好的“骨架”之后，才能进行装饰和造型，就像化妆和穿衣一样。在原本明亮的格局中，加入色调柔和的沙发和地毯，以及植物和百叶窗之后，空间氛围更加温馨。

改造后

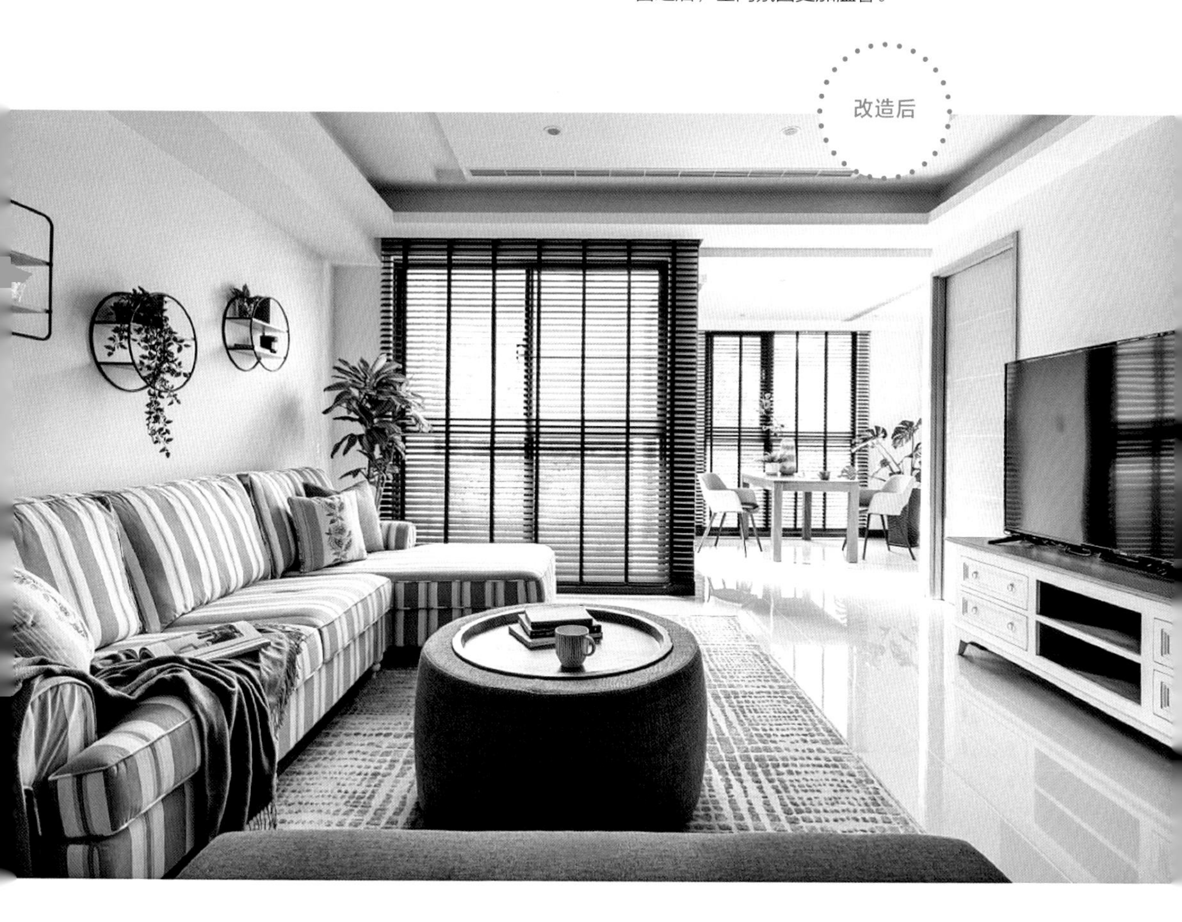

软装之所以在这短短的几年间，开始出现“反客为主”的趋势，是由于人们渐渐认识到，当你的预算有限时，如何更有效地去分配空间的总预算是一件极为重要的事。避免花了大笔费用来装修天花板、地面和墙壁之后才发现，可用的额度下所能挑选的家具已所剩无几，于是只好先将就，造成装修与家具风格或质感上的不协调、本末倒置的窘境。

又或者是有装修经验的业主也意识到，其实空间的基底只要简单素雅，运用质感好的材料重点呈现即可，而应该把更多的预算分配在每天会实际使用到的家具、家电或音响设备上面，提升家居生活的品质，后期使用起来才更舒适持久。这样一来，若是想要快速改变室内风格，也很容易，这确实是更有弹性、更灵活的做法。

即便是毫不起眼的小空间，只要装饰上简洁利落的家具，点缀些充满艺术感的画作和生机盎然的植物，就会让小空间大放异彩。

每个家都需要软装来点缀

空间是疗愈心灵很重要的一环，天天住在这个房子里的并不是设计师，而是我们自己。对于这个为我们忙碌一天后提供放松身心之所、让我们好好休息乃至恢复活力的空间，除了常怀感恩的心情之外，与它建立一份良好的互动，是对自己或其他家庭成员都很有帮助的事。

多数人在租到房子或购买房子后，常常不知如何下手来进行下一步，毕竟装修是件大事，很多人可能一生都不见得认真地参与过一次。虽然室内设计行业如今是相当成熟的市场，但隔行如隔山，特别是与日常生活息息相关的领域，若没有一定经验的累积，很容易因为错误的判断而造成更多不便与麻烦。不过，对室内设计有一定兴趣与研究的人会发现，发达国家的人显然更重视生活美感，但他们较少寻求室内设计公司提供专业的帮助，更多的是自己来改造房屋，这是为什么呢？

舒适轻松的空间能为我们提供放松心情的场所。

在我自己长久地观察以及和国外设计师聊天后发现，并不是他们真的每个人都天生美感素养比较好，而是他们寻求任何专业的协助都要支付高额的费用。他们深知每一门专业都是经由多年的投入累积而成，而且为此花费了不少钱财。于是尽管重视家居的环境，但“口袋若不够深”，还得找个平衡的方法呀！没错，那就是自己动手处理！

只要你有心想要打理自己的家，就会发现有足够丰富的信息等待你去挖掘。

也正因如此，欧美国家关于家居美学的电视节目、书籍、杂志与网络平台特别普遍，售卖的商品、店家也非常多元和密集。只要你有心想要打理自己的家，那么会有足够丰富的信息和内容可以去挖掘，而他们也很乐于和朋友交流自家改造的心得。

个人认为在美学方面我们与发达国家相比还有很大的进步空间，不说大范围，仅谈家居这块。

在我的童年印象中只有所谓的“大户人家”才会花钱去进行装修或购置高档的家具，一般人买到房子后会沿用之前开发商粉刷的墙壁色彩，根本没想过要去改变。天花板上的灯具就是那一支白惨惨的日光灯，地板是瓷砖或其他耐用、好清洁的材质，交房后去附近的家具店选几套尺寸合适的家具，装修这件事就算大功告成了。然后就又开始生活，忙着打理生计赚钱了，哪里有什么闲情逸致去布置装点。

选择好看的风格家具，再通过色调和材质的整合，会让空间更显和谐。你也可以通过随时更换季节性植物或画作来改变空间的氛围。

随着人们生活水平的提高，大家开始更注重生活细节，相关产业便因此随之快速成长。现在业主的观念也从当初的“能用即可”转换为稍微装修一下也是“应该的”，就算没有装修也至少会挑选更好看、更有风格的家具。一些生活周边的家饰产品也越来越多，好看的面巾纸盒、抱枕或挂画渐渐成为大家触手可及的日常消费品之一。

软装设计师的角色是辅助室内设计师去展示设计的精髓，通过搭配合适的家具、窗帘、地毯、抱枕、床品等元素，去唤醒整个空间的生命力，并协助业主挑选合适的生活用品，以呼应整个空间的色系、材质。

收纳

Organization

将开放式收纳柜、沙发上的抱枕整理得井井有条，依照色调和谐和一定的规律进行摆放，避免杂乱无章，展现清爽舒适的空间氛围，打造心之所向的风格。

在没有做好收纳之前，谈美感都是枉然

在我的经验中，装修风格常常是装修时很容易被业主过度放大与关注的点，并不是说风格不重要，而是在你参考了很多的照片研究天花板该做什么造型、间接照明怎么布置灯具、墙壁要刷什么颜色、挂什么画、挑什么家具，以及面对琳琅满目的家饰商品让人又慌又喜、不知如何下手时，或许你都没有发现，在你做了一堆功课，被搞得头昏脑涨之际，却忘了最基本但也最重要的内容——收纳规划。

我总是说，在空间不整齐、不干净的前提下，谈什么美感、风格都是枉然。

必须先把日常杂物都分类归纳好，再来谈美感。可以想象一下，哪怕是再精致、再昂贵的茶几上如果摆满账单、发票，也全无美感可言。这些不就是我们天天都会接触到的东西吗？

回想一下你家的餐椅，上面是不是堆满了换下的衣服、杂物和包包？旅游时，冲动购买的大量杯子、盘子、纪念品现在又身在家中的何处呢？是不是已经蒙上一层灰，或者忘记被放在哪个抽屉里了呢？

如果以上几点有被我说中了的话，大家也不用感到不好意思，这完全是人之常情。有意识地去观察自己的生活习惯与消费行为可以说是一门深奥的学问，我也是在不断地修炼自己，至今都仍在持续学习当中呢！

打造理想空间的三要素

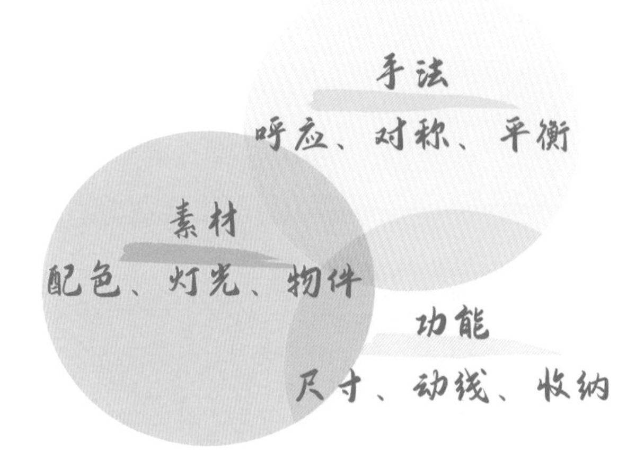

小贴士

除了收纳，你还需要……

其实谈到收纳，不得不提的就是“断舍离”这个理念。有条不紊的收纳法则，是让自己的脑袋很清晰地管理生活中的各种物品，避免因重复购买或囤积物品而导致不断地丢弃物品。否则定做再多的柜子，你也仍然觉得不够用，这是环环相扣的逻辑关系。

▷定时检视自己的物品

我们真正需要的物品其实比想象中的简单许多，一年当中应定期一到两次检视你的物品，只留下那些真正用得到的。“少即是多”这句话不仅可以用在建立美感上，也很适用于人生啊！仅仅掌握简单几样自己真正喜爱、实用、有质感的物品，从生活经验累积和长期观察中，找出适合自己的，不盲目追求流行，反而会让你的心灵更加富足，这也是我自己长期总结出的经验。

以购买衣服为例，年轻时你一定会尝试许多不同材质和色调的流行单品，但后来慢慢地你只会经常穿特定色彩和样式的衣服。只要你用心观察，一定不难找到适合自己的单品。定期检视自己的衣柜，如果你发现自己同样类型的单品已经有四五件，应适可而止。

有规律地摆放相同色系和类型的物品，有助于尽快了解自己经常购买的物品类型和颜色。另外，使用统一材质的衣架，并控制好每件衣物的适当距离，都会为空间带来舒适的视觉观感。

▷收藏与囤积的差别

我曾经遇过这样一个案例，这家的太太非常热衷于收集咖啡杯和陶瓷器皿，经过“断舍离”之后，家里依然还有1000多只杯盘。她希望搬到新家之后，我能协助她为这些杯盘器皿找到合适的安置之处。这些杯盘都是相当精致完美的器皿，每一只都有收藏的价值，如果丢掉，的确是相当浪费。于是，我建议身为全职家庭主妇的她，不妨开一家以收藏品为主的咖啡店或小型博物馆，让这些精致美丽的器皿既能有容身之处，又能让更多人欣赏到它们的美好。

有意识地收集某一类型的物品和无意识地冲动购物或囤积不同，不适合“断舍离”的方式。

▷尝试以表格的方式记录物品

要避免冲动购物，最好的办法就是知道自己家中物品的数量。比如我的衣物不多，我清楚地知道自己每一种款式衣服的数量。你也可以利用表格记录一下自己的物品，如此一来，就知道该不该再购入这些物品了。

另外，还有一种方式也能够避免冲动购物。想下手购买某件物品时，先离开现场，想一想这个物品将来要摆放的位置，让自己冷静一段时间，如果还是心心念念那件物品，而且它也能够融入现在的家居氛围中，而且你确实有需求，这时再购买。千万不要被商家的营销策略洗脑，购入太多无用的物品，造成浪费。

如果想要拥有一个干净清爽的生活环境，那么一定要先明确自己的需求和空间大小。因此我特意把“断舍离”这件事放在房屋改造的第一位，就是要让大家理解：比起“加法”，我认为“减法”才是打造一个令人心旷神怡的空间的关键。

因地制宜地做收纳

很多人直观地认为“收纳就是要买很多成品柜或定制一些收纳柜”，这样的想法对吗？不能说错，但也绝对不是完全正确的。抽屉、柜类当然是空间中必须存在的物品之一，可是如果整面墙都做了高高的柜子，铺天盖地式地出现在客厅、餐厅和卧室，那么空间一定会让人感到十分压抑，而在我看来，这样的家也离美感有段距离。根据不同的空间属性，巧妙地设置收纳柜，若有似无地分配收纳柜才是真正的收纳技巧。你可以轻松让家保持整洁，即便有儿童、宠物的空间也能一样清爽通透。

使用开放式层架用于客厅主要物品的收纳，并不一定要把空间塞得满满当当，有时适度的留白反而能增加空间的美感。避免过于笨重和杂乱，是放大空间的小魔法。

木质抽屉矮柜不仅具有收纳功能，也能为空间的角落注入暖心温度。

我家所有空间的收纳柜，均仅占空间总视域的 1/3 。除非你做的是结合于墙体、外人看不出来的定制柜，那就另当别论了。另外，比起顶天立地的柜子，善用高度在 120 厘米以下的抽屉柜对于收纳来说更关键，这样尺寸的家具造型选择的范围很广，不仅能赋予空间层次感，也是专门用来收纳频繁使用的琐碎杂物的大功臣。

横向的抽屉柜结合竖向的定制柜，并通过上下留白的方式，让电视背景墙更有层次感，整体空间更显得开阔通透，同时也兼具收纳的实用功能。

除了收纳柜之外，还有两个非常好用的收纳道具——收纳盒和托盘。但收纳盒和托盘的功能又有些许不同。收纳盒主要是收纳一些经常使用的小物件，或是收纳放置于格子柜、层架上的物品，如化妆品、香水、餐具等，让空间看起来更清爽整齐，避免单一物品各自摆放在层架上而显得杂乱。

托盘则是收纳每日都会使用的小物品，如护手霜、遥控器、蜡烛、护唇膏等。这些物品不太会被收入抽屉中，是经常摆在桌面或台面上的琐碎生活小物件。如此一来就不会给人零散的感觉，也因为视觉面积的增大，在空间比例上更具有美感。例如水壶和水杯，可以通过使用托盘来收纳，提升视觉美感。

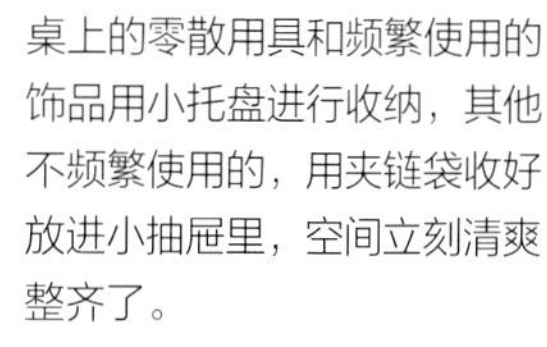
桌上的零散用具和频繁使用的饰品用小托盘进行收纳，其他不频繁使用的，用夹链袋收好放进小抽屉里，空间立刻清爽整齐了。

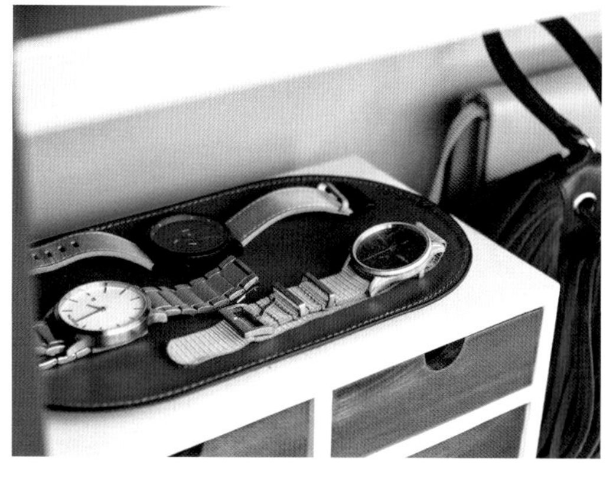

空间再小也要有个储物室

相信我，你们每个人的家可能都比我的家大，但我家真的有个储物室。

我的另一半是室内设计师，新婚前装修我们第一个家时，先生很坚持地说："就算屋子再小，也还是要有个储物室。"我们家的室内面积也不过 46 平方米。这样小的地方，单身住起来会很舒服，两个人住起来微微有点拥挤，但我们家却有五个成员。除了我们夫妻俩、一个小朋友之外，还有两只猫。按理说我们家应该会满到爆炸，可是我却能微微嘴角上扬地说："我每天只需要 3 分钟就可以把家整理好。"为什么我可以这么嚣张呢？其实啊，房子小有小的好处，只要打好根基，自然能轻松优雅地保证生活品质。

我们的储物室面积不足 2 平方米，高度顶至天花板，巧妙隐藏于梁柱之间，并以卧榻连接呈现，整体看起来像是房子本身结构的一部分，但其实它就是我们空间中的"小机关"。这个储物室专门用来存放中大型的物品，如行李箱、电器盒、整袋的尿不湿、家庭常用的卫生纸、猫砂……它们都是需要方便拿取，但直接露出来还真是煞风景的物品。

▲▶图中左上角造型挂饰后的白色小空间就是我们的储物室，也是大型物品如电器和行李箱的藏身之处。虽然室内面积仅有 46 平方米，但腾出 2 平方米的空间来作为储物室，却能为室内带来更加整齐清爽的视觉效果。

听起来 2 平方米的储物室真是小得不像话，但实际上因为有了这个储物室，我们家才总能看起来没有那么多的东西。储物室是每个家庭不可或缺的“神队友”，我们即将迈入在此居住的第 7 个年头，回想起来依旧很感激当初先生的明智决定。因此，如果你们家有空房间的话，那么就可以直接设定一间用来作为储物室，只需要简单添购几个层架或搁板，就可以妥善地把很多东西都移出你的视线。这样就如同先打好底妆，做好遮瑕，剩下的才是彩妆发挥的空间。

你不一定要购买同样有号码的抽屉柜，但要将物品分门别类地摆放在抽屉中，让它们拥有自己的家，也方便自己随时找到所需的物品。

“一进一出”的收纳秘诀

当初在挑选收纳柜时，因为看上了一个有九个抽屉的款式，而且它还有数字编号，所以我会分门别类地去收纳：一号是文具，二号是发票，三号是零食……因此我们的桌上更容易保持整洁，要找东西时我也只需要简单地说出编号，家人就知道东西在哪里。建立一个容易去遵守的模式，家人便能渐渐地养成良好的习惯，女主人也不用每天忙东忙西，累得不可开交。

按照色彩和样式收纳衣物，尽量让衣帽间一目了然，并且要不定时地清理衣柜，避免囤积过多不常穿的衣物。千万不要抱有“有一天总会穿到”的心态，如此就能随时让衣帽间保持井然有序，也能有效减少冲动购物的消费行为。

衣物类的收纳也要遵循上述原则，从袜子、贴身衣物、冬季衣物、夏季衣物到首饰、香水或帽子，都应有各自的归属。

自 2019 年宝宝出生后，我们仅添购了一个五斗抽屉柜，放在主卧的床尾走道。我会将孩子小小的衣服叠成整齐的“豆腐块”来收纳，不仅一目了然，还非常节省空间。孩子成长的速度非常快，因此我也会不定期地将她已经穿不下的衣服从抽屉里移出，避免占用“寸土寸金”的小空间。

小玩具被集中在白色的收纳盒里，推进电视柜下方，我们没有特别盖上盖子，目的是让小宝宝自己也懂得去哪儿找玩具、收玩具。另外，对于玩具，我们也会有意识地控制种类、数量，而不会一直无上限地购买，这也是帮助孩子从小养成良好收纳习惯的一种方式。

我们家中五位成员的物品，都遵循“一进一出”的原则。有新的东西要添购就必须是有不适用的东西要被淘汰，这样家里的东西自然就不会越堆越多，导致出现旧的用不着、新的甚至还没拆封的混乱场景。如果不能理性消费，即便给你再大的房子，你也一样觉得不够用。

在这里我也想分享一个观念，将用不上的东西送出去并非浪费，一直占用这个物品却没有好好使用它，才是真的辜负了物品的价值与存在意义。让空间回归到开阔宽敞的状态，留给真正必须存在的物品，这是打造质感生活最重要的一步。

除了规划一个储物室之外，你还可以考虑以下三种收纳方式：

1. 定制柜

书柜、鞋柜、衣柜、橱柜、电视柜，适合选用定制柜，会令空间看起来简单利落。

2. 可移动式柜体

五斗柜、抽屉柜，适合挑选有设计感的样式，定制柜反而会显得呆板。床头柜、文件柜也建议用成品家具取代定制柜，这样会更显质感。

除了储物柜可以收纳物品之外，木质冲孔板（洞洞板）也可作为收纳的工具，同时为空间增添灵活性。

3. 托盘、收纳篮

利用托盘或收纳篮收纳琐碎的小物品，如遥控器、蜡烛、钥匙、小毛巾等。

此外，不建议把所有的展示收藏品一股脑满满地摆出来，这种模式反而容易让人眼花缭乱，看不见重点，感受不到美。无论是整个大空间，还是层板、开放柜等小区域，也都要遵循 1/3 留白的理念，这是令空间更耐看的重要手法。

不论收纳柜体的大小如何，妥善分配比例并做到 1/3 留白，会让有限的空间一展明亮宽敞的视觉效果。

凌乱的衣帽间也能变得整洁有序

不知道大家喜欢用折叠的方式还是吊挂的方式来收纳衣物？我自己非常推荐吊挂的方式，这样做不仅衣物不易皱，对收纳的衣服也可以一目了然。作为一个十分重视“断舍离”的人，我的衣服其实并不多，是四季的量直接一次挂出来也不会挤爆衣柜的状态，因此我们家的衣橱没有所谓“换季”这种事，就连棉被也是四季通用被，这些细节都会让我们减少做柜子的需求。我和先生的衣服也很有默契，通常都是灰色、白色、深蓝色、米色和大地色，可能只会偶尔穿插一两件不同的色系。这种情况下，其实我们的衣帽间本身看起来就是整齐的。一些 T 恤衫等上衣我会用卷的方式收进抽屉柜里。

衣架也是我很重视的小细节，我用的是木头材质、统一灰色的款式，一字排开就会显得很整齐，不会突然跳出几只塑料衣架或铁丝衣架。我也非常喜欢运用结构挺立的素面布质收纳盒来装一些比较琐碎的杂物，放在层板上看起来就很漂亮。

我的衣服款式都很简约，但我很喜欢佩戴饰品，常通过丝巾、围巾等的变化来改变服装的整体样貌，这也是另一个我很推崇的方式。其实，除非你是演员或是造型师，否则大部分的人通常都会有自己的穿搭风格。当你的穿衣风格固定的时候，那么你拥有 5 套替换装跟拥有 25 套，是没有太大区别的，因为它们看起来都差不多。可以想象一下，一位嘻哈歌手的穿搭，即便他换上再多颜色的上衣跟裤子，看起来也差不多就是那个形象。除非他今天换了一套西装，你才会明显觉得“他今天穿得不一样”，对吧？所以何必买那么多衣服占用我们有限的空间呢？

除了使用统一色调和材质的衣架吊挂衣物之外，搭配收纳篮，会让空间更有条不紊。

但我仍然是一个爱漂亮，也很享受打扮的人，我会运用各种不同材质、尺寸、颜色和款式的项链、耳环、手链、戒指去搭配同样一件素色的衣服，再加上不同的鞋子、包包，看起来就非常多变。相较于衣服，配饰类是较省空间的，尤其是首饰类。二十几岁以后，当我找到最能衬托自己的穿衣风格后，购物的频率就大幅度降低了，我更注重的是衣服的材料与剪裁方式，是否可以修饰我的缺点、凸显优点。我也很少买流行性的衣服，因此我的衣服有不少甚至都是10年前买的，到现在照样可以穿。

1 铁篮子里我放的是包包、帽子等不会显乱的物品。布篮里面就是T恤衫、围巾、生活日用品等。

2 贴身的衣物、丝巾、皮带等，我会用更小的篮子做分类，放在柜内。

1

2

包包也是一样，算下来我全部的包包不超过 10 个，但 10 个已经非常够用了，不管是优雅、休闲、运动或通勤办公，已经能够完全满足日常需求。我很喜欢逛街欣赏美丽的事物，但我也可以轻松地转身离开，不被这些物质诱惑。因为我知道买再多、真正适合你，能衬托你的就是那几件。但我必须说，这其实也是我经过十多年的练习，过了 30 岁以后才慢慢体会到的，它并不是一件容易的事呢！

衣帽间整理术

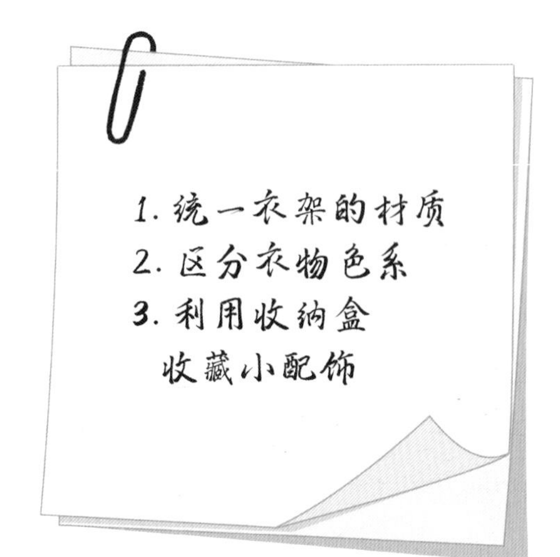

我的随想

Carol's notes

美好的生活应该是什么画面？每个人的定义不同。一个干净整洁、让人感到放松的家对我来说，便是“幸福”具象的表达。随着年龄的增长，从十几岁喜欢天天往外跑，到现在渐渐地转变为更爱和三五好友窝在家里或自己独处，无拘无束地待在自己的空间，这也是多数人共同的成长经验。

于是如何让家变得更舒适，成为大家重视的话题。如同服装可以展现一个人的喜好一样，空间亦是如此。要想了解一个人的内在，从家居环境中可以窥探出不少信息，可以说空间是我们心理状态的一种投射，阶段性的喜好亦明显不同。

人在 20 岁、30 岁、40 岁时对美的评价是不一样的，对此本书没有列出具体的框架来告诉大家该怎么做。我想从专业的角度和大家分享一些我的经验，告诉大家如何通过视觉的协调、生活的机能，展现出空间的特色，让自己离心目中的美好生活更近一步。同时，如果周围的人也欣赏你家的话，那便是再好不过的收获了。第 1 章我大费口舌讲了关于软装的基本概念，接下来我将一一解析软硬装的比例控制、如何有效控制装修预算，以及如何打造让人感到舒适温馨的家居生活氛围。

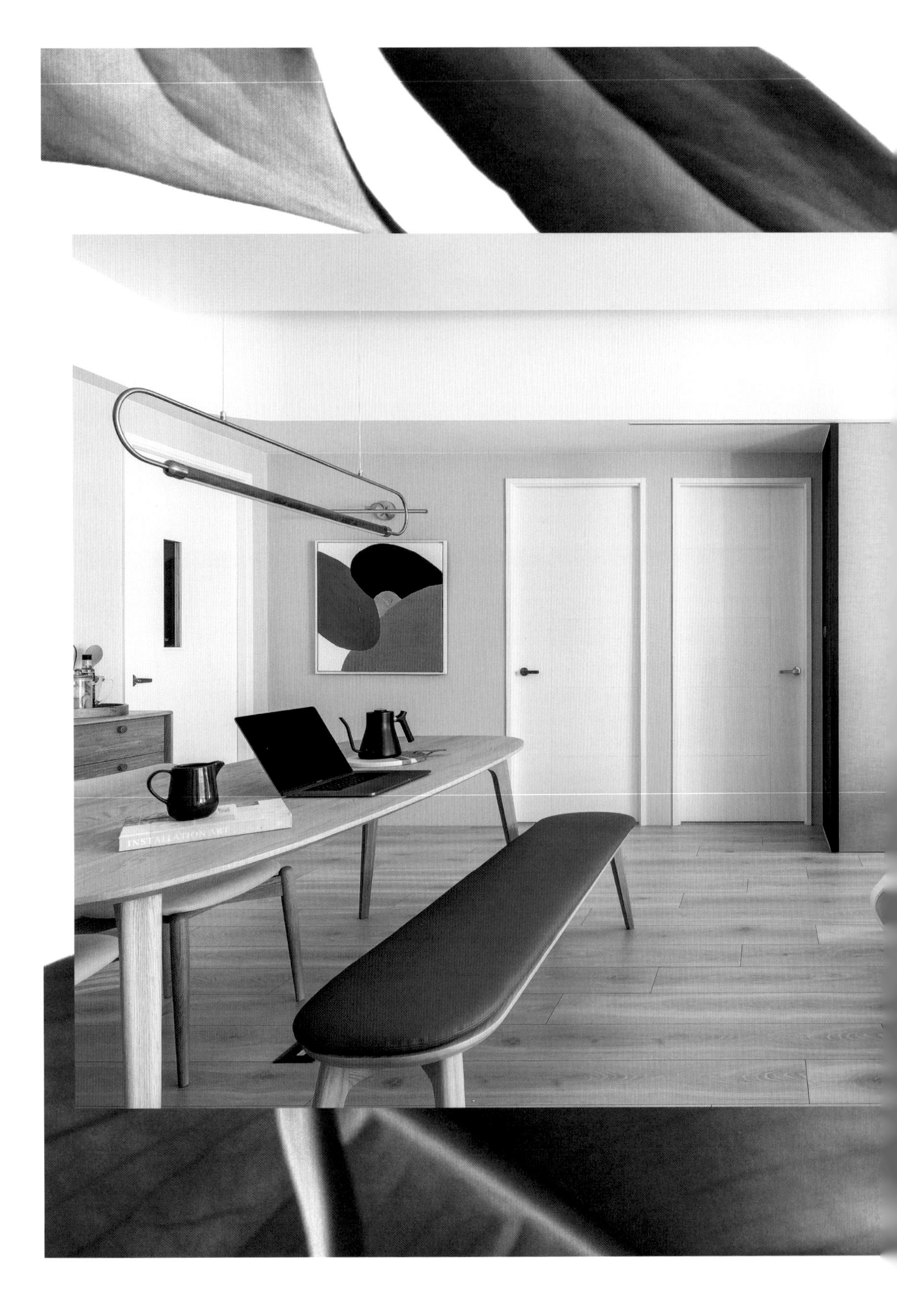
INSTALLATION ART

第 2 章

逐步打造属于自己的家居风格

将收纳计划妥善执行之后，就可以着手打造自己喜欢的家居风格。身处信息传播发达的时代是一件幸福的事，不但能随时掌握世界各地的最新流行趋势，你还可以将自己喜欢的风格完整地呈现在现实生活之中。接下来，我们就从最常见的家居风格着手，一步一步建构出自己梦想中的家。

风格

Interior Style

常见的家居风格

房子刚装修好或是拜访朋友的新家时，大家通常都会聊到这样的话题："你家是什么风格？"

关于现在室内装修风格的演绎，可以从西方建筑史说起。西方室内装饰风格深受古希腊、古罗马时代的影响，不仅仅是建筑和室内装饰，还涵盖绘画、雕塑和音乐。一直到后来的巴洛克风格、新古典主义风格、文艺复兴式风格，至第二次世界大战后风格开始更加简化，开始盛行包豪斯这种更注重实用性，且尽可能化繁为简的风格。你是否想过，为何有所谓的乡村风、波希米亚风、工业风、北欧风、波普风、折中主义……这么多的分类？

家居空间从来不需要被任何名词定义，只要是你喜欢的元素，且结合在一起是和谐的，就是专属于你的风格。

合砌设计 ×Carol 软装提供

其实很简单，每一种新风格，从某种角度来说都是对上一个风格的厌倦与推翻。现在大家也开始厌倦谈特定的风格，厌倦这种有点盲从的行为。

想知道现在流行什么？

去看看咖啡店、餐厅装修成什么样子就知道了。

这种如同旋风的快时尚，来得快，去得也快。

于是，我们开始讲究恒久隽永的美，不随时间褪色的品位。

我建议大家，深入思考每一种风格的特质是什么。选取你所喜欢的元素并融合自己的想法，这会是更实际且长久的做法。你会发现，当你对风格元素了解得越透彻，就越能重新组合出自己喜欢的，创造出专属于自己的特色，那才是极致的美感，而不是随波逐流。

既然家是展现自我生活品位和个性的地方，好不容易拥有一个属于自己的空间，当然希望它能够是自己中意的风格。但是家居风格有许多不同的类型，究竟自己喜欢的是哪一种？又该如何抓住风格的特点呢？

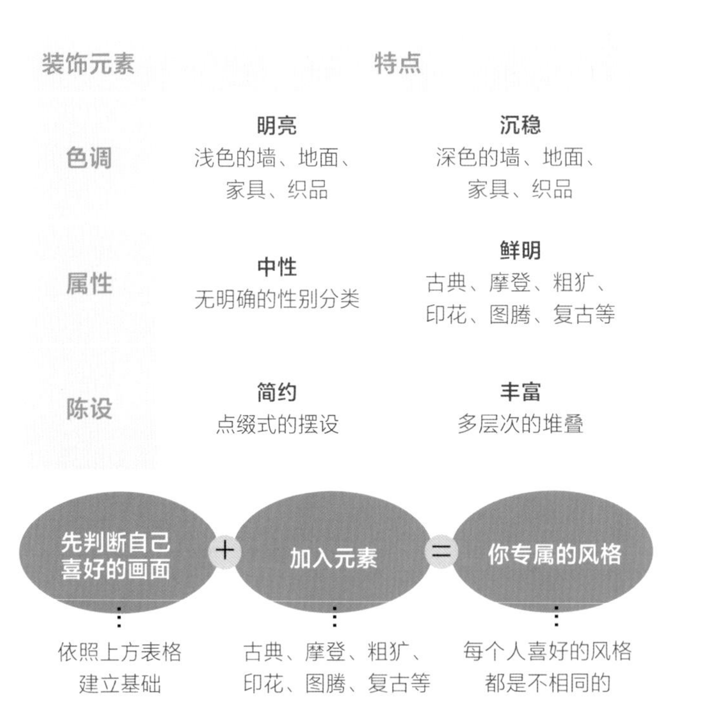

装饰元素	特点	
色调	**明亮** 浅色的墙、地面、家具、织品	**沉稳** 深色的墙、地面、家具、织品
属性	**中性** 无明确的性别分类	**鲜明** 古典、摩登、粗犷、印花、图腾、复古等
陈设	**简约** 点缀式的摆设	**丰富** 多层次的堆叠

这里为大家介绍时下最热门的五种风格：

加入柔和的色调、温润的木质与绿色植物，打造出符合生活习惯的北欧风空间。

1. 北欧风

Scandi Style

北欧风也常被称为斯堪的纳维亚风格。由于北欧拥有壮丽多变的丰富地貌，再加上纬度较高，人们常年处于日照较短和严寒的环境中，待在家里的时间比较长，人们也更加注重生活环境的和谐和平衡感，因此，崇尚自然、放松、舒适的氛围，且强调实用功能，成为北欧风遵循的主要理念。

而北欧风的设计重点则在于整体空间的和谐与平衡感，以低彩度和谐色调如森林绿、湖水蓝、灰等，勾勒出简约利落的轮廓，体现空间明亮清爽的生活氛围，再适度加入温润的木质素材和绿色植物，提升空间温暖的气息，并赋予生活勃勃生机，结合符合实用生活功能的结构和规划，打造出北欧家居风格。

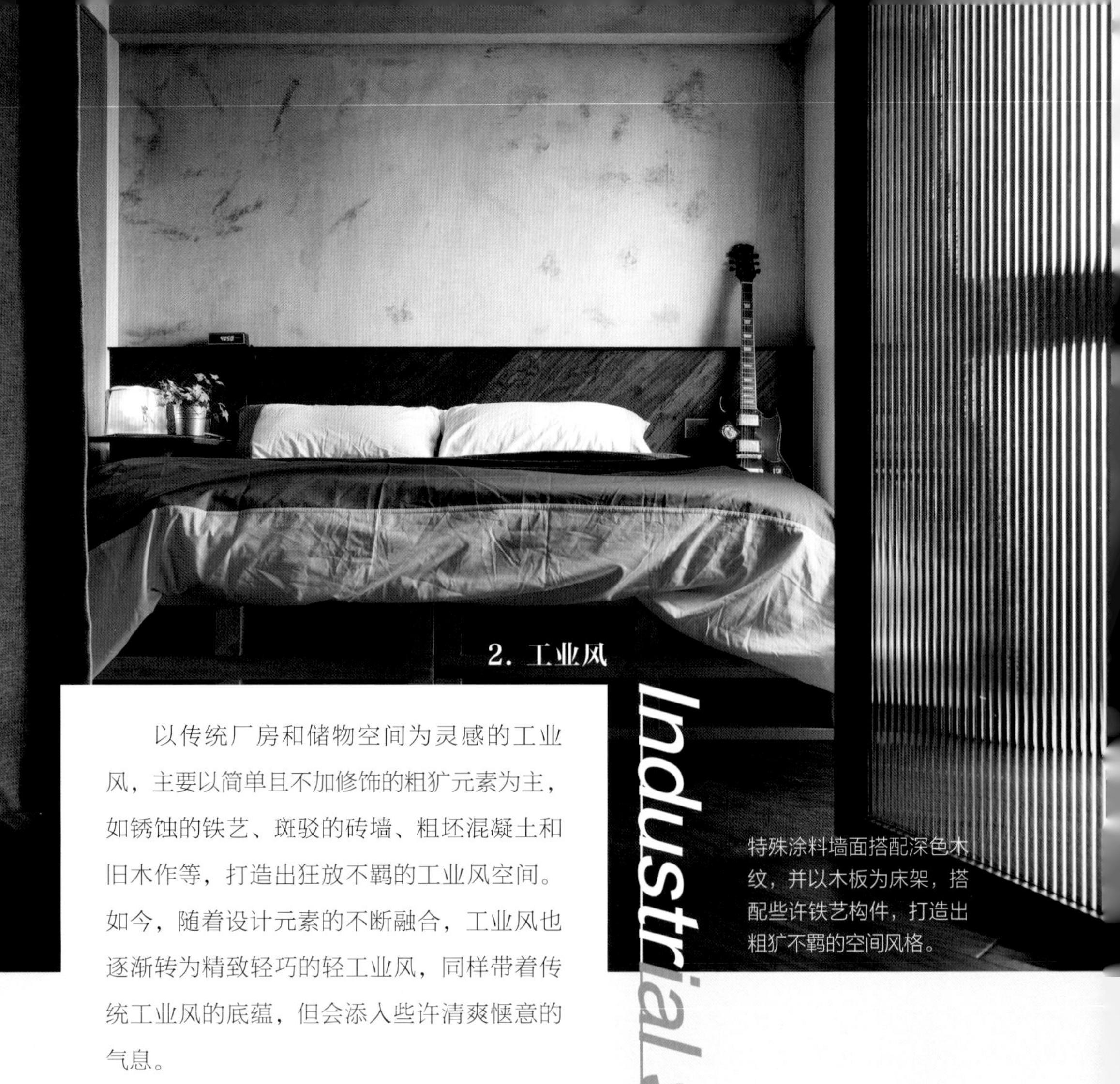

特殊涂料墙面搭配深色木纹，并以木板为床架，搭配些许铁艺构件，打造出粗犷不羁的空间风格。

2. 工业风

Industrial Style

以传统厂房和储物空间为灵感的工业风，主要以简单且不加修饰的粗犷元素为主，如锈蚀的铁艺、斑驳的砖墙、粗坯混凝土和旧木作等，打造出狂放不羁的工业风空间。如今，随着设计元素的不断融合，工业风也逐渐转为精致轻巧的轻工业风，同样带着传统工业风的底蕴，但会添入些许清爽惬意的气息。

至于工业风的设计重点，大多会采用裸露的天花板和墙面，结合原始石材、木材、砖墙或混凝土等，再加入些许铁艺金属构件或皮革制品，最终打造出粗犷的工业风空间。时下流行的轻工业风则是将粗犷硬派元素收敛一些，搭配些许柔和的色调，建构出轻盈舒适的轻工业质感。

3. 无印风

MUJI Style

所谓的“无印风”，也称为无印良品风格，可不是非得要整个家都买无印良品的家具才能打造出来。只要是以素雅纯净的白色为基底，结合木质家具和灰阶色彩，让空间呈现出简单、明亮、宽敞的感觉，就是相当热门的无印风。

想要你的家有宛如走入无印良品店一般的舒适感，只要抓住木质、灰白色彩、功能收纳这三大特点，并通过不同材质肌理勾勒出空间的层次感，即可打造出简约而不单调的无印风空间。

以简约的白色为基底，加入具有实用功能的温润木纹家具，就可以轻松打造出清清爽爽的无印风空间。

4. 极简风

Minimalist Style

极简设计不一定是几近空无一物的空间，而是利用简练利落的线条、充满细节的结构，结合无彩度的黑色、白色和灰色，让空间展现出简约精致的美感。

想要营造极简风格，却又担心空间过于冷清，则可以以黑色、白色或灰色为主基调，适当糅入温润的木质元素，再利用丰富的采光，营造温暖又充满戏剧化的光影效果，甚至还可以增添些许跳色元素，让极简空间也充满故事性。

重视简洁利落的结构与线条的空间，只要加入木地板和饱和度较低的色彩，就能瞬间打造出风格独特的极简家居空间。

Mid Century Modern

5. 世纪中期现代风

世纪中期现代风顾名思义就是带点复古韵味又充满现代设计感的家居风格。它的名字虽然听起来有点陌生，却是我们常常在欧美电影或电视剧中看见的家居风格。

世纪中期现代风家居空间主要设计元素强调具备实用性的设计感，结合简洁利落的线条与轮廓，搭配多变的几何形状和特殊材质，塑造出视觉感丰富且经得住时间考验的家居风格。美国热门电视剧《广告狂人》（*Mad Men*）中的室内设计风格就是典型的世纪中期现代风。

将充满设计感且具有实用性的家具与深色木纹相结合，即可展现出 20 世纪五六十年代的家居风格，也就是典型的世纪中期现代风。

集品文创提供

当业主喜爱的风格不一样时……

我相信这是改造空间时大家都可能碰到的问题。不过，依照我过往的经验，通常男主人都不是很在意家里是什么样子。只要可以躺着打游戏或放空看电视，那就是最好的地方。当然，也不是所有人都是这样，我也遇到过不少男主人一开始说“随便，都可以啦”，结果一旦开始进行改造，他的意见就又冒出来了。

比较极端的案例是男主人喜欢工业风，女主人却喜欢乡村风，这该怎么办呢？

将属于工业风的粗犷元素如水管结构、铁艺推拉门、木质层板等，搭配温润复古的皮革、奢华高级的长毛地毯，营造出富有温度的空间氛围。

合砌设计和 Carol 软装提供

乍一听，如此两极的风格要如何搭配？这时我们不要慌，先来简单分析一下工业风格和乡村风格有哪些共同点：

（1）仿古感；

（2）朴实；

（3）砖墙；

（4）木头；

（5）不加修饰的使用痕迹。

把上述这些元素留下，然后舍弃过于鲜明的元素，例如乡村风的花卉、田园图案，工业风的铁件也稍做减少。这样一来，就可以将原本两个必须猜拳决定的元素，和谐地融合在一起，并采用更中性的色调来串联这两种风格，就能巧妙地完成混搭。

又或者北欧风和无印风应该如何区别？很多人明明本来想装修成北欧风，结果最后好像装成了无印良品风，这是怎么回事？

其实，这两种风格真的是有很多相似之处。首先分析一下，北欧风本身其实就可以分为两大派系：一种是色彩缤纷的，就像宜家家居给我们的印象，这个通常比较明确，大家不会搞混；另一种则是偏灰白色系的给人以洗练感，像是我们对诗肯柚木的那种印象，更接近于无印良品的风格。它们都是使用木质家具、木质地板和低彩度色调。如果你很明确地知道“我要的就是无印风，而不是北欧风”，那应该怎么做呢？

当然，直接去无印良品店购买全部的家具是最直接的方法。除此之外，北欧风和无印风其实还有一些细节上的差异。例如：

墙面颜色：北欧风的白通常是纯白；而无印风则较接近温润的百合白，也较少用局部跳色。

家具：北欧风的沙发尺寸较深，较少见木质配件；无印风家具则更常见高脚的木质骨架搭配厚坐垫。

墙面装饰：北欧风偏好悬挂尺寸较大的画作，而无印风偏好的是小幅挂画或简单挂上时钟。

植物：北欧风的植物更外放，叶片较大；无印风代表的日式风格则常用较为内敛的植物，或偏爱使用带有些许禅意的小容器。

因此乍看之下原本相近的两种风格，其实也有相当多不同的细节。厘清风格的特质之后就可以更精准地掌握自己想要呈现的风格。无论你想要拥有什么样风格的空间，其实都可以大胆尝试，将色系作为一个共同的语汇，把“粗犷”和“优雅”两个看似冲突的元素巧妙地融合。

北欧风和日系无印风是有些许差别的，例如北欧风通常会使用不同造型的餐桌椅来创造更加多元的变化。

风格	墙面颜色	家具	墙面装饰	植物
北欧风	纯白	沙发尺寸较深	大尺寸画作	外放、叶片较大
无印风	百合白	高脚木质骨架搭配厚坐垫	小幅画作、时钟	内敛、富有禅意

例如英国知名皇家御用软装设计师凯莉·赫本（Kelly Hoppen），她的作品中经常出现各式元素的混搭，或进行大胆地中西合璧，但能够总是做到那么协调的关键原因，就是她擅长色彩的搭配。她最喜欢将灰褐色作为整个空间的串联色，她曾说自己“永远不会放弃灰褐色”，因此有人称她为“灰褐色女王”。

情绪板——让你对新居风格更了解

Mood Board，中文可以译为“情绪板”，是许多设计师用来展现设计方向、风格和整体设计的方式，主要是通过文字、色调、图像、材质等元素，将心中的设计构思拼凑成有形的视觉概念，为设计师提供更多的创意灵感，也可作为风格调性的参考。

我通常会以以下三种方式使用情绪板，通过这三种方式让自己更加明白所选的对象和元素是否协调，可以降低采购过于突兀或无用物品的概率。

1. 初步厘清氛围

从网络上找一些自己喜欢的照片摆在一起，归纳出色调与元素的特点，这属于灵感收集的方式。

作为初步氛围厘清的情绪板，主要可以在色调、元素、风格等方面为设计师提供灵感。

自己喜爱的物品都摆放在一起，以图像的方式来呈现，让自己更清楚各物品彼此是协调。

2. 具体采购的情境呈现

属于第二阶段的情绪板，通常以购买到的实物为主，通过拼凑实物的图片，呈现整个空间的氛围，方便设计师进一步了解各物品之间的设计和材质是否协调。

将具体采购的物品与空间的平面图相结合来呈现，能够更细致地展现出空间改造后的样貌，易于给客户传递出准确的信息。

3. 具体采购物品的平面图呈现

最后阶段把所有元素与空间的平面图结合，并借助实际的摆放位置，展现出贴近真实的氛围。这种方式也容易让客户体会到空间改造后会呈现出的实际样貌。

仅用三种色彩为空间创造出丰富的层次

配色

Colour

不晓得大家的童年是否跟我一样，都有过毕业旅行去郊区住小木屋的经验。我不知道你们是否喜欢，我个人没有那么偏爱。长大后我才知道那是因为小木屋的材质太过单一了。那种感觉就像是整个空间如果都是金属元素，或都是玻璃元素，乍看之下会觉得很有特色，但如果要从长住者的角度来看，就会觉得过于强烈。

以黑、灰、白为空间的主色调，搭配不同材质如沙发、抱枕、窗帘、毛毯、咖啡桌、中岛饰面、高脚椅等，可以创造出丰富的视觉观感。

合砌设计和 Carol 软装提供

仔细回想一下就会发现，通常让人感到赏心悦目的空间，它的材质比例会比较均衡。我们常见的装修材料包括布料、皮革、塑料、石材、木头、金属、玻璃、陶土等。每一种材质都有它的“视觉温度”。

例如，冬天的时候你看到毛料、皮草便会觉得温暖，夏天的时候你看到玻璃、水晶或金属，就会觉得凉爽。当我们走进一个空间，有什么样的直接感受，通常都会受到材质的影响。我在规划空间时，通常会刻意控制整体配色，一般不超过三种颜色，尤其在不考虑风格的情况下，色彩运用更为重要。我想这个大家都听过的配色方式，多半是用在穿搭上，实际上空间装饰又何尝不遵从这个逻辑呢？

很多人认为，空间中的颜色如果不超过三种，那会不会很单调呢？其实别忘了，视觉观感并不是完全由色彩决定的，材质也是一个关键因素。

就算整个空间只有白色、灰色和原木色，也会因为材质的不同而呈现出不同的质地。真正会让人感到单调的是整个空间的材质与颜色都是单一的，那就会显得很平淡，毫无层次感。

以木质色调来说，红木类家具是长辈们比较喜欢的色调，如果想让其呈现出清新一点的气息，木质色调应以浅色系为主。如果想要偏阳刚粗犷的感觉，木质色调可选用深咖啡色，再搭配上其他不同的材质，如铁艺、金属等，可以让空间展现出截然不同的风格。因此今后在选择家具时不要只注重色调，还要多关注材质的丰富度，这也会影响整个家居风格。

瞬间改变空间氛围的好办法

谈到材质、色系，就不能不提纺织品，它向来是能够瞬间改变空间氛围的魔法道具。窗帘、地毯和床品都是大面积存在的单品，其色系选择对空间氛围的影响非常大。

在不改变墙面色调和任何结构之下，床品和窗帘通常是改变空间氛围的重要道具。

合砌设计和 Carol 软装提供

将一种颜色作为空间的主角，让其他元素作为配角，就能创造出舒适和谐的环境。

曾经有个网友发私信给我，说感觉自己的房间很糟糕，但是又不知道该怎么下手去改造。于是我让他发送一些现场的照片给我看看，然后发现该空间的采光和格局还不错，墙面和家具的色彩也算简单，最突兀的元素就是碎花床单。由于床单占空间的很大一部分，自然会让整体视觉变得不协调。于是我便直接地告诉他："其实你的房间本身条件很不错，就是那套床单太丑了，换掉就得救了。"他非常意外，原来只是床品出了问题，之前还以为需要"大兴土木"地改造，没想到换个素雅的床单就可以解决了，再做一些软装布置，如摆放上抱枕、点缀些植物，或是搭配上万用毯，就能让卧室焕然一新，达到舒适和谐的视觉效果。

多数人在挑选材料时，常常会直接避开素面的款式，觉得那太普通。于是乎各部分都想找有特色的、有趣的，殊不知当它们全部集中在同一个空间时是多么惊悚的画面。就像是一个人化妆时同时擦了紫色眼影、刷了橘色腮红，又涂了正红色的唇彩那样。当每一个单品都很抢眼的时候，它们同时登台就是灾难一场。

主角永远只有一个，其他的都是配角。

如果你的窗帘很花哨，那么地毯、沙发或壁纸就要素雅些，并且色系之间要有一定的关联性。例如可以将窗帘的花色元素运用在抱枕或毯子上，这样彼此之间就有了关联性，而不是大家唱同一首歌却不同拍、不同调，那就会很可怕啦！

找出空间的主角

关于配色方法，我推荐以下两种：

1. 协调法

空间整体配色呈现相似的状态，例如整体都是米色、白色或灰色，没有特别强烈的色系，从墙面乳胶漆到家具等软装元素都给人以特别温和的感觉。这样的配色通常不会带给人特别深刻的印象，但会让你记住在这个地方有种特别放松的感觉。

采用白色墙面和米色、粉色床品，搭配同色系的双人床和衣架，让空间展现出和谐平衡的格调。

将墙面的色彩作为空间的主角，通过色调、用色面积比例的搭配，让空间展现出对比强烈的视觉效果。

得利涂料提供

2. 衬托法

有别于协调法——大家都很平均的状态，衬托法就是要设定一个主角色，甚至是两个，用色面积比例有明显差异，就像是影视剧里的女主角和女配角。记住空间中只有一个女主角，其他颜色就是在扮演众星拱月的角色。

具体来说，例如设定了蓝色为空间的“女主角”，这时就可以选一个对比色，例如黄色或橘色作为“女配角”。

我通常会在面积较大的地方先采用无彩色作为基底，无彩色指的就是黑色、灰色和白色。地板的颜色，可以简单选择原木色。这时候要衬托的蓝色，可以用于沙发背景墙或电视背景墙，也可以选择用在沙发或窗帘上。

将黑色作为空间的主要色调，搭配砖红色背景墙和白色台面，就能打造出极具视觉张力的空间。

得利涂料提供

然后是“女配角”，一般是指体积较小的对象，如抱枕、盖毯、花器或挂画。谨记配角色的比重一定不能超过主角色，否则就会被“抢戏”，让人分辨不出谁是主角，那就麻烦了。因此，比起要挑选什么色彩作为主角，我认为更应该重视的是你选择的配色方式。顺带一提，通常色彩饱和度越高，越不适合大面积地应用于家居空间。

有别于我们只待几个小时就会离开的商业空间，家居空间是一个我们会长时间停留且让人放松的地方，因此颜色的彩度越低越好。比如有段时间大家经常讨论的莫兰迪色，它的理念就是把每一种色彩都以最灰阶的方式去呈现，让空间看起来没有负担。如果你真的想要在空间中加入一些饱和度（彩度）较高的饰品，记得考虑一下尺寸。若你问精准的大小，大概就像抱枕、相框或花器这样的尺寸点缀即可。

下面借助三张照片让大家感受一下，同样的房间仅通过色彩的变化，所产生的差异有多么不同。

同样的空间只要换了主墙的色彩，搭配不同色彩的床品，就会展现出截然不同的氛围。

得利涂料提供

属于对比色的蓝色与橘色，只要稍微调整一下饱和度和明度，将之同时运用在空间中，就会创造出活泼明快的效果。

得利涂料提供

观察大自然后我们不难发现，其实没有什么颜色是不能搭配的，重点在于如何把握色彩的饱和度，以及比例的分配。以红色搭配蓝色为例，当两者的饱和度较高的时候，会让空间给人一种压迫感，身处这样的空间我们感官上自然会不舒服，或容易产生视觉疲劳。只要稍微将饱和度降低一些，调整一下颜色的明度（颜色的亮度），再重新分配色彩的占比，红色与蓝色也可以和谐地存在于同一个空间之中。

稍微调整红色的饱和度，让它接近较沉稳的色彩，再拿捏好比重，搭配上蓝色毛线，或是对比绿色抱枕，就能展现高级奢华的效果。

得利涂料提供

聪明用色，配色零失误

前面提到我自己在用色上的心得，除了将黑、灰、白作为基础色之外，还有下面两点建议：其一，仅使用三种以内的色彩；其二，运用深浅不同的色彩与材质去增加空间层次感。

蓝色、粉色和驼色总是能为空间创造出清新柔和的视觉效果，借助不同的材质又能产生更多元的变化。

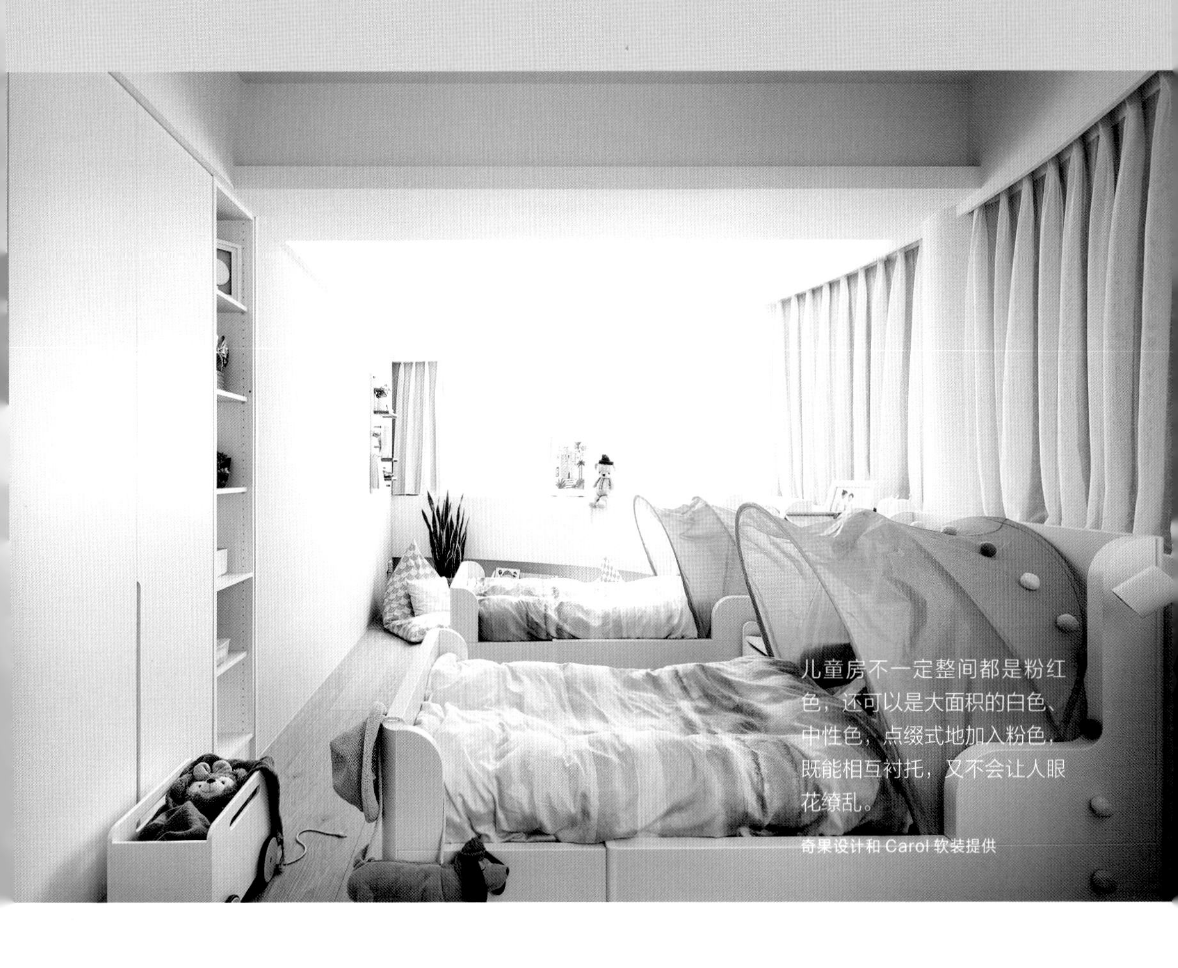

儿童房不一定整间都是粉红色，还可以是大面积的白色、中性色，点缀式地加入粉色，既能相互衬托，又不会让人眼花缭乱。

奇果设计和 Carol 软装提供

把握好上述两个关键点，配色就几乎不太会出错。如果想让我更精确地选几个色彩推荐给大家，当然我也是有自己的口袋名单色。

蓝色、驼色和粉色是我最常使用的三种色彩，三者可以在同一个空间里使用，也可以分开用。你可以蓝色配粉色、蓝色配驼色或驼色配粉色这样交叉使用。

这家曼谷咖啡店墨绿色的墙面，带给人放松沉静的感觉。

驼色是可以大面积运用在墙壁上，也不用担心出错的色彩。蓝色最多我可以让它占据空间的 1/2，而粉色我通常是仅用在配件上，例如抱枕、盖毯或杯盘器皿等体量较小的软装物件。当然，我也会在刷墙的时候使用到粉色，但多半是仅运用在单面墙壁上，或是高度仅及腰的范围，不会整个房间都刷满。原因是粉色是一个很有存在感的颜色，尽管只用在小配件上，你也绝对不会忽视它，因此如果大面积使用，除非是今天我在为一个商业空间做设计，需要很夸张的视觉效果，才会这样运用。家居空间终究是一个追求放松的环境，而粉色、橘色、黄色和红色都属于比较有张力的色彩，会让人感到比较亢奋。

若仔细留意，大家会发现很多的餐厅、商店的招牌都会运用这些色系，除了

比较容易吸引人们的注意力之外，橘红、黄色系在大自然中象征着收获，会让人更容易联想到饮食，因此对于促进食欲有着显著效果。如果是与休憩、度假或阅读相关的环境，更常用蓝色、驼色这些会让人感到沉静放松的色系。

因为我们对于色彩的感觉是非常直接的，所以颜色绝对会影响你进入空间时的第一印象。当我提到蓝色、驼色、粉色时，大家所联想到的色阶也一定不同。蓝色是天空蓝、土耳其蓝、靛蓝、皇家蓝还是深蓝？单单是乳胶漆的颜色，打开色卡就有上千种之多，应该怎么选才不会弄巧成拙呢？

其实虽然色卡上有上千种颜色，但那些会被我用在墙面上的，可能只有6~8种，它们多半掺杂点灰色系，而不是饱和度很高的色彩，这样用在墙面才会更耐看。

另外，在每一次的空间改造过中，我总是会不厌其烦地告诉业主，不用担心重复用色。例如从墙面、窗帘、沙发到床单、地毯，我常常会单一使用深浅不同的灰色或驼色，往往这时候业主就会感到非常焦虑：“这样真的可以吗？不需要跳一下色吗？”

大家很容易迷失在“跳色”这件事情里，总觉得全部都选一个颜色会非常单调。我通常会很淡定地说：“不用怕色彩太素，我还担心不够素呢！”因为当搬进来住以后，我们的衣物、餐盘、杯子、拖鞋、食物、小孩玩具、宠物的玩具、生活的杂物，以及屋里的人穿的衣服都会带进更多的颜色。我们可以把空间想象成一个人，大面积使用同一个色彩，就像是先穿上一套素色的西装，耳环、项链、戒指、彩妆、发饰、腰带、皮包、手表、袜子、鞋子甚至指甲油，还会带来其他颜色。这样一想，你还会觉得这件西装太素吗？

即便是灰色，也会因为材质和色阶的不同，而展现出多样性。

空间色彩不一定要很缤纷或跳跃才能创造出视觉张力，通过线条和材质的变化也能展现精致简约的空间氛围。

居家先生提供

从头到脚的搭配方法有很多。你当然可以选择上衣和下身撞色，然后简化其余配件类。具体该怎么搭配？说真的没有标准答案，因为这跟每个人的喜好、品位有直接的关系。我喜欢穿得简约干练，不代表穿得很艳丽或层次丰富的人就错了。

因此，重点还在于你是否对于这身打扮感到自在，对吧？空间搭配也遵循同样的逻辑，我传递的是一个选择，如果你喜欢较为简约的搭配，那么单一选色、重复用色会是不错的选择。但如果你想要更多彩的搭配，当然也完全没有问题。实验一次也是很有趣的体验，你会越来越了解自己，这是一件很棒的事。

小贴士

与涂料成为亲密的“战友”

大家现在都知道了我很喜欢用蓝色、驼色和粉色，也知道色卡上有上千种色彩，而我仅会选那 6 ~ 8 种，但总是会有例外吧？如果今天的业主就是想要挑选橘色、绿色或紫色，那该怎么选呢？

这里有个观念想要传递给大家，乳胶漆是一种涂料，色卡是纸质的，这两种不同的材质所呈现的色彩质地，本身就不一样。此外，涂料刚刷在墙面上时与干掉以后，刷一层跟刷三层，白天看和晚上看，在黄光下看跟在白光下看，地板颜色深或浅，包括摆了什么材质与颜色的家具，都会影响你看到的墙壁色彩。

所以说涂料真是一个难相处的家伙，但偏偏我自己非常喜欢用乳胶漆，因为它成本相对较低，又能快速改变空间氛围，甚至会赋予原本已经接近淘汰边缘的旧家具新的生命。

那么如何免除涂料刷上去的效果跟预期不同的窘境？

我的方法很简单：

▷挑选低饱和度、低明度的乳胶漆

饱和度指的是彩度，也就是色彩的鲜艳程度。明度指的是色彩的亮度，想象一下你的手机屏幕，将屏幕的亮度拉到最高至曝光，那就是最高的明度；拉到最低至变黑，那就是最低的明度。

同样是橘色，我会选择较柔和的或偏灰阶的，而不会选择较饱和、鲜艳的。同样是绿色，我会选墨绿色或灰绿色。选用低明度、低彩度的色彩，受色差的影响较小，因为它的差异只会是深一点或浅一点，但整体的视觉效果不会有太大的落差。但如果你选择的是高彩度、高明度的色彩，色彩本身的效果很强烈，只要有细微的差异，最后呈现的质感就很容易与预期不同。

▷空间中的灯光色

我在用色中还发现，大部分的乳胶漆色在日光灯下，质感会降一个层级，因此白天看起来觉得挺漂亮的颜色，晚上打开灯，如果是白光，就会感觉色彩变得不如自然光时那么绝美。这种现象屡试不爽，我也说不出这是什么原因，倒是有一种色彩更经得起这种考验，那就是灰色或蓝灰色，即便搭配日光灯也觉得很好看。如果我事先知道业主坚持家里用白光，那么我就会优先采用灰色、蓝灰色，或是以相对柔和、低饱和度的色彩呈现。

但如果业主坚持要使用白光，又要刷饱和度和明度都很高的鲜艳涂料，而且还要刷满整间屋呢？我会在中肯地表达自己的立场后，依旧让他如愿，因为这终究是他家，他满意比我满意更重要，就算我觉得俗气又如何。这时候把自己放小就好，不用硬碰硬。如同我一直强调的，美感是主观的，我觉得美不代表大家都会觉得美，使用者本人开心最重要。

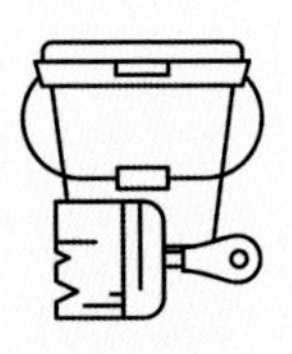

▲▼米白色的墙面在轨道灯光的照射之下，质感显然与白天的不同。

大胆用色也不用担心俗气

不过，事实上我也不是完全不用高彩度的色彩，大概 20 岁以前我很喜欢大红大紫的撞色效果。觉得那真是充满热情、慷慨激昂啊！这就是为什么我总是告诉大家，使用者喜欢最重要。因为大家不同的阶段喜好真的可能会有所不同。你现在觉得很俗气的东西，很可能突然有一天觉得好像也挺美的。因此，保持一个开放的心胸是很重要的。在使用高彩度色彩时，我通常有两点建议：

◀把喜爱的鲜艳色调运用在配件上，展现空间内敛却又略带活泼的气息。

得利涂料提供

◀大胆配色，让空间色彩缤纷抢眼！

得利涂料提供

1. 内敛派

不要把高彩度色彩直接用在墙壁上，而应该用在软装元素上，墙壁、天花板等面积较大的色块宜采用白色，然后你可以从红、橙、黄、绿、蓝、靛、紫中去选择所有你喜欢的色彩。这是变相掌握 1/3 留白的技巧，是尽管多彩但仍就耐看，不会让人眼花缭乱的做法。

2. 野兽派

尽情挥洒吧，想怎样配就怎样配吧！其实没有那么多的规则。

陈列摆设

Display and Decoration

摆出恰如其分的优质生活感

平常我的工作内容除了以软装顾问的身份协助业主美化空间以外，也会实地布置一些现场。与橱窗布置不同的是，家居空间布置更强调真实和生活感，但仍要保有品位。这种布置对我来说才是好的陈设。顺带一提，我个人非常欣赏的家居品牌——Crate & Barrel，它就是我心中的典范，常用一些很高阶的陈设手法，明明看得出来不是便宜的东西，但又不会让人产生距离感，只会单纯觉得很美，很高雅。

沙发背景墙上挂了一幅抽象艺术画，让人一走进这个空间，立即感觉充满艺术气息。

陈设空间时，你所陈列的软装元素本身质感要好是基本前提。但是单纯把东西摆满也是行不通的。巧妙地安排“视觉焦点”才是关键。所谓的视觉焦点，泛指空间中眼睛容易聚焦的地方。当空间平视的墙面上没有聚焦处时，我们的惯性视角就会落到下方部分，如桌子、椅子、沙发等。这也是为什么我们习惯在墙上挂一些画作的原因，可避免第一眼就让人感觉空间单调。

大部分人在摆设物品时容易产生盲点，只会专注在把东西摆放在桌面上、层架上。这样的效果十分有限，甚至容易让空间显得杂乱。主要原因在于：小物品之于大空间，比例不够鲜明。

我们的眼睛在看一个空间时，与相机镜头是不同的。在镜头里空间是平面的，从天花板到地板这么高的尺度，若你只在层架上摆几个小手办模型，当然完全达不到加分的效果。

我们在布局一个画面时，一定要等比例去安排，我通常至少会摆入一盆高 150 厘米左右的大型植物，或是同等高度的落地灯。这样一来，首先从天花板到地板之间就有了一个过渡性高度。接着是餐桌上的物品，摆放数个比较高或宽一点的容器，让它们看起来是随性的，产生群聚的视觉效果，这样在镜头画面里才会有存在感。

在沙发侧边摆上落地灯或植物，与另一侧的画作搭配，打造比例更加协调的画面，桌上的容器也有画龙点睛的效果。

集品文创提供

当构图为较近的特写照时，摆放一些小型物品，会让视觉感更加有层次。

集品文创提供

除非今天是要拍特写照，镜头只锁定一个茶几或边桌，这时候你可以只摆一个小小的咖啡杯，它的比例就会是刚好的。说到底，从前面的内容开始到现在，比例一直都是我格外强调的。

拍摄设计师实景作品集时，我会非常注意自己带过去的软装饰品，是否能够适宜地衬托这个空间，为作品增色，扮演最佳配角。这才是我的任务，而不是让大家把焦点全放在饰品上，那就喧宾夺主了。

因此我仓库里大部分的软装饰品都是很中性的颜色，不仅便于采购，也能应对各式各样风格的拍照现场。由于我不会挑选非常有特色的、过于抢眼的东西，因此这些软装饰品可以被重复使用，不会因为只拍了一两场后，就让人感觉看腻了，而又要重新添购，最后堆满整间仓库。

这就是设计师自行布置时，应该注意的采购小技巧。

专业摄影师和网络达人都在用的摆拍技巧

我一直很推崇三角构图的陈设方法，它不仅仅适用于台面，还适用于整个大画面的构图。三角构图的重点在于，它让物品之间产生了层次感，并借助高低的层次创造出三维效果，让画面看起来不呆板。

三角构图的原理很简单，即通过三个不同高度的物品来组成。例如在小桌上面，可以摆放茶壶、茶杯和蜡烛，至于空间里面就可以是边桌、落地灯和单椅，运用这个技巧你甚至还可以延伸至四个物品。

三角构图的方式能为空间创造层次感，既可以用于桌面上的饰品摆设，还适用于柜体上方的陈列物，甚至是整个空间结构。

集品文创提供

1 想让画面更有延伸感，在三角构图中加入合适的对象，即可创造出不同的视觉效果。

集品文创提供

2 你是否发现了画面中极具趣味性的呼应？粉红色与红色各自形成一个三角构图，而两者的结合又产生出丰富的视觉层次。

例如当我摆拍时，如果餐桌的尺寸很大——长度超过 180 厘米，原本的茶壶、茶杯和蜡烛，就会显得比例失调。此时除了原本的三角构图外，我会另外放第四件物品，可能是一本书，也可能是一个杯子，重点是拉远一点，与原本的三角构图相差 60 ~ 80 厘米的距离，就可以立刻有了视觉延伸感。

另外，三角构图还有一种新的玩法，就是巧妙运用色彩。比如在右上角的照片里，你会发现三个红色的器皿和三个粉色的器皿，都运用了三角构图法，让画面中的构图产生了有趣的呼应。

拍摄时，不仅要注意摆放小物品，更要看重中大型的花器或物品之于整个空间的比例、高度。这样才能突出重点，不至于摆得太满，却又呈现不出效果。

奇果设计和 Carol 软装提供

桌面、台面的摆设方法

家里容易显杂乱的地方通常是台面，例如餐桌、茶几、料理台、床头柜、抽屉柜等。通常，我会运用托盘去整合那些想要随手取用的东西，比如杯子、遥控器、手表、首饰、香水，以及水果等。我也一定会用好看的容器把它们装起来，而非直接用塑料袋来装。说起来可能我个人有“强迫症”吧，我完全无法忍受塑料袋，它是我心中最破坏画面感的东西之一。

另外，托盘还有一个妙用，那就是在利用三角构图法拍照时，我会把三件小物品摆在一起。通常，我会在底下用托盘或是一本比较厚的书去垫着。这个做法也是有意为之，因为当小的物品摆在一起时，它们仍然是三个分开的物体，可是用托盘或是厚书垫着时，它们瞬间就会产生凝聚效果，成为一个整体，视觉效果比没有托盘或书更具整体性。拍照的时候，也会因为整个体量变得更大，在镜头里更有存在感。

使用托盘收纳琐碎的物品，如水果、水杯、遥控器和日常道具，有助于平衡视觉观感。

集品文创提供

营造有质感的卫浴空间

大部分人家里最乱的地方之一就是卫生间，因为瓶瓶罐罐很多，还有各式各样的毛巾、漱口杯、牙刷、卫生纸，甚至是水瓢、小板凳等，看起来非常杂乱。如果很多东西不方便藏起来，那么至少要在色调上进行统一。

我会把沐浴乳、洗发水、护发素等用统一尺寸和颜色的透明容器装起来，借助它们本身的颜色，我就可以判断里面装的是什么，若真的分辨不出来，可以另行用贴纸加以标示。除非是一些洗手液或是外观很有质感的容器，我才会将其直接摆出来，但还是会严格控制数量。

浴巾我会统一颜色、统一款式折好摆好。其他的如棉花棒、化妆棉等我也会用透明亚克力盒装好。

电动牙刷、剃须刀、除毛刀等，尽可能挑选白色的，总之就是让大的东西变小，小的东西变透明。尚未用到的储备品，像卫生纸、洗衣液等，一定是放进柜子里面的，绝对不会放在外面。甚至连脚垫我也会选用低彩度的款式，不会挑选花哨的颜色。说起来我是蛮“强迫症”的，但就是这样的状态才会让家住起来更舒服啊！

卫生间里的瓶瓶罐罐尽量使用统一的色调，或将彩度降至最低，才不会显得杂乱。

奇果设计和 Carol 软装提供

使用统一样式的浴巾，其他琐碎的物品都用收纳篮或杯子进行收纳，这样卫生间看起来会更整洁清爽。

集品文创提供

小贴士

符合大众美感的软装方式

有租房业务需求的房东，会常常思考怎样的装修风格才更贴近大众的审美，怎么搭配才能打动多数人、迎合更广泛的市场受众。

其实，整本书我一直在传达的观念是功能为先、美感次之。对于租客来说，无论是学生、上班族还是小家庭，首先需要思考的是他们真正在意的是什么。作为曾经长期租房、找房经验无数的我来说，最重视的是以下两点:

▷收纳空间是否充足

租客最怕的是衣服、杂物等没地方收纳。衣柜够不够大?床底能否收纳物品?有没有足够的抽屉可以摆放日常杂物?这些都是最重要的，否则家里装饰得再漂亮，但收纳空间不够，租客住进去立刻“原形毕露”，整个房间乱糟糟的，选什么风格都失去了意义。

实用的收纳功能对于租房族来说相当重要。

▷地板材质

在网站上浏览租房页面时，瓷砖、地板我通常忽略不看，哪怕是最便宜的塑料地板，都会因为木纹的纹理让人感到温馨，增加了看实体房的意愿。因此对于房东来说善用地板材质，远比选择某种既定风格更事半功倍。

木地板通常会营造出温暖惬意的氛围，让人看一眼就想要入住。

先把这两件事打理好，然后将家具的色彩也统一成白色调或浅木色调，就算墙壁不单独粉刷，整体感觉也会非常清新舒爽，给人的第一印象就能有 80 分以上。准备拍照在网上发布之前，只需要点缀一些小绿植、干净洁白的杯盘器皿，就会给租客留下更多的想象空间。哪怕是想象力匮乏的人，都会觉得房间看起来很整洁。

除非空间本身没有窗，否则切记要在白天光线充足时进入室内拍照，这样会加分很多。以前看房子时，只要照片是晚上开着日光灯拍的，我都会直接跳过，因为真的不太吸引人啊！

家具

Furniture

这张混凝土材质的工作桌是家居空间的重心，你也可以依照自己的生活习惯，找出家里最重要的日常活动场所。

你真的需要这样的家具吗？

谈完配色与风格，接下来我将依次讲解家具、灯具、织品、植物和生活用品，这五大类我认为是最关键的软装元素。

其实，当你思考完收纳这件事以后，就会神奇地发现另一件事，有些家具真的没必要出现在你的家里，例如我家并没有摆放茶几、餐桌这两个“标准配件”。我和先生都是自由职业者，大多工作都在家里完成。

但我们46平方米的小家根本没有地方再去规划所谓的书房，再加上我们并不是天天下厨的那种人，因此不如定做一张有特色的大工作桌，除了偶尔吃饭时能用得上之外，亦可满足两个人一起工作时使用计算机与大量文件的需求，朋友来访时通常这张桌子也是我们围绕的区域。对我们家来说，这里才是生活的中心点。

从自己的生活方式中寻找家居摆设的灵感，不一定要完全按照传统的陈设方式，你也可以创造出独特且舒适的生活空间。

关于茶几也是如此，首先要思考如果摆了一张茶几（不论大或小），它就会占用我们原本就迷你的客厅空间，接着判断“这茶几对我们有何用处”。对我来说，茶几的主要功能是摆放茶杯，既然如此，是否有更好的解决方法？好比我可以把托盘放在沙发旁或触手可及的边柜上，这都能解决问题。于是就得出结论：我们家不需要茶几。

放弃茶几这个决定是非常正确的，它让我们的空间无论是视觉还是实际使用的动线都很流畅。有了小宝宝之后，客厅更是她可以尽情爬行的区域。原本以为随着猫咪与宝宝的加入，我们的生活质量肯定会下降。但相反的是，因为我们积极正视这些迎面而来的问题，并且设法去解决每一个会产生杂乱的来源，反而有了比过去更棒的收纳计划，这也是我们意料之外的收获。符合一家人生活习惯的配置，才是打造理想住宅的关键。

一张可用来吃饭和满足日常工作需求的大长桌，成为我们生活的中心。

例如喜欢料理或常邀三五好友来家聚会的你，可以将厨房和用餐空间作为家居空间的中心，以简练细致的装饰技巧体现品位和质感，让谈天欢笑的声音成为空间的主角。

合砌设计和 Carol 软装提供

或许未来随着孩子的成长，我们可能会换到更大的空间，这都是未知数。但无论如何，生活观念与基本的收纳习惯才是重点，毕竟房子大小是一回事，能不能好好运用则是另一回事。我遇到过很多这样的空间：明明房子很大，却堆满杂物，在房间里几乎寸步难行，无序的摆放会带给你“这房子还不够大”的错觉！

构建一个兼具功能性和美感的空间，比起一味地去追逐潮流更有意义，我们真正应该思考的是如何符合自己的生活习惯或改善现状的不便，最终切实提升居住的质量。

先问问自己“我真正需要的是什么？”认真检视自己的生活习惯，会让你更加明白，哪些家具是应该添购的，哪些是没有必要的。

小贴士

家具的摆放位置千万不可马虎

家居动线关系到居住者在空间之中进行活动的便利性，是家具摆放必须考虑的首要因素，也是影响家居格局的主要原因。比如活动空间是否宽敞明亮，是否顾及隐私性和基本的生活需求，生活起居是否舒适，等等。那么如何才能知道家具如何摆放、室内的动线是否流畅、是否符合居住者的需求呢？

最重要的是找出空间的焦点，比方说以孩子为核心的亲子住宅，需要宽敞和安全的活动空间；注重社交或情感联结的凝聚空间，客厅的沙发摆放方式和公共空间各个场景的联结就是重点；夫妻两人的静心之地，隐蔽性和独立空间就变得格外重要。这样首先找出空间焦点，再按照生活需求来安排动线。

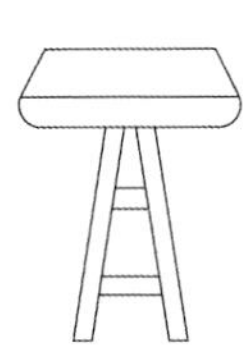

空间中摆放的第一件家具，该怎么决定？

这个问题我觉得有两个思考方向，一是你是否已经有了中意的家具或灯具，甚至是某一幅画让你觉得非出现在这个空间不可。如果这个物品已经存在，我建议以它为出发点，用其他家具来衬托它即可，因为它就是这个空间的主角。

如果暂时没有这样的物品出现，完全是一张白纸状态的话，首先要厘清房屋整体风格的走向，通过收集的一些意向照片来确定自己偏爱的风格。接着我会让沙发作为第一件家具，挑好了沙发以后，再来挑选餐桌，因为这两件是空间里体量最大的独立家具。

这两件家具挑好以后，整个空间可以说已经定调了65%，后面开始搭配茶几、餐椅，之后你自然会知道其他，如灯饰、抱枕、地毯或是挂画的样式以及怎么去搭配。这是环环相扣、牵一发而动全身的事。

常常我在帮助客人规划空间时，可能我们家具都还没选，业主就兴致勃勃地先逛了家居店，想要买小型的软装单品，或是拍下很多小物品的照片问我可不可以买。我都会反问他："你想摆在哪里？"通常我得到的答案是："不知道，就是觉得蛮漂亮的，不晓得适不适合。"

听我一句劝，漂亮的东西实在太多了，真的是想买也买不完的。因此务必冷静、冷静、再冷静。冲动消费的结果就是你家会堆满各式各样、互相不搭的东西。

通常，我会将沙发作为空间中的第一件家具，选定沙发后，再来挑选餐桌椅，以及其他单品。

比例是空间规划的重点

不知道你们是否有过这样的经历：去逛家居店的时候看上了很多喜欢的家具，但摆回家后发现，怎么看都觉得怪怪的？这个“怪怪的”其实就是比例出了问题。

这就跟化妆、穿搭，甚至花艺、厨艺一样，只要涉及美感，必然会牵涉到比例。

色彩的比例、尺寸的比例、材质的比例都得控制得当，才能让空间看起来赏心悦目。不仅每件家具要彼此协调，动线也是影响空间配置是否和谐的关键因素。家居店常常都是面积比较大的空间，你通常感受不太出来，实际上这些东西摆到你家里后，可能会使空间变得非常拥挤或显得家具十分巨大。

曾经有个客人跟我分享他的装修经验，当初他家的沙发背景墙长 300 厘米，他就真的买了一张刚好 300 厘米长的沙发，完全没有考虑适度留白。他当时想这个沙发比较大，坐起来一定宽敞舒适，怎知家具到货放入客厅之后他立刻就后悔了。沙发的尺寸看起来实在是太大了，就像是小碗里直接装着一个大馒头，一下子就满了，根本放不进其他“配菜”啊！于是赶紧又重新换了一个款式，这一来一往的折腾着实给他“上了一课”。

这个独居套房中摆放了一张单人椅和一个可移动的坐凳，适度的留白让空间显得更加宽敞舒适，同时也方便业主日常使用。

小贴士

符合人体工程学的动线规划

了解了适度留白的重要性后，接着我将列举几个重点尺寸，浅谈人体工程学与常见的家具尺寸。当你对这些数字有了基本认识后，日后购买家具时就会更清楚应该怎样来安排比例才更加舒适。熟练了以后，甚至不用拿出卷尺也可以大概掌握家具的尺寸，能准确地为空间挑选合适的家具，不会再发生“家具一进场，立刻就皱眉”的窘境。

▷走道宽度为 60 ~ 90 厘米

配置家具之前，首先记得预留走道空间。餐桌上每个人轻松将手肘放置于桌上的距离，基本宽度是 60 厘米。量一量你就会发现，室内的房门都是 90 厘米宽，卫生间的房门稍微窄一些——75 ~ 80 厘米宽比较常见。入户门的宽度则是 100 厘米起。有了这几个数字概念后，我们再继续往下看。

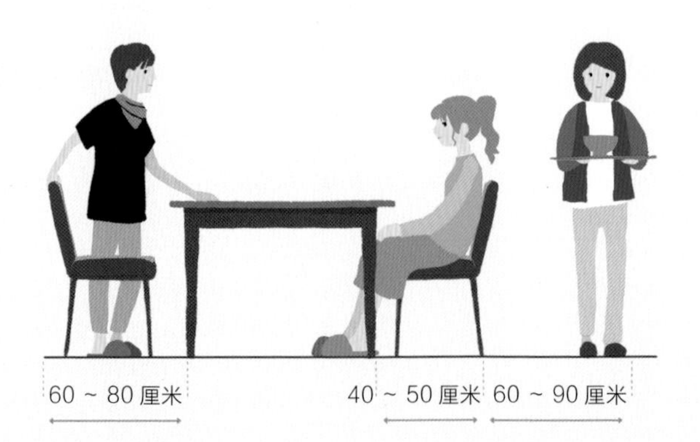

基本上过道的宽度大多维持在 60 ~ 90 厘米之间，家具之间的距离也大致相同，这样才能维持舒适良好的家居动线。

▷座椅的高度通常在 45 厘米

无论是餐椅还是工作椅，座位离地最常见的高度为 45 厘米。当然也会有特殊情况，但均值为 45 厘米；而所有桌子台面的高度约为 75 厘米，因此两者中间会产生 30 厘米的高度差，这 30 厘米是我们使用上感到较为顺手的高度差。或许你会好奇，既然座高 45 厘米与台面离地 75 厘米是最常见的数字，那么怎样都不会买错，是不是就不用特别记住这些数字了呢？

座椅的高度大约为 45 厘米，桌子的高度大约为 75 厘米，两者相差 30 厘米，是最舒适的使用高度。

吧台椅就是个例外。吧台椅的款式比起一般椅子多了几种高度，此时谨记桌子和椅子高度相差 30 厘米这一法则。如果先买椅子再订制吧台，那么台面高度就是吧台椅坐垫的高度再加上 30 厘米。反之亦然，有现成的吧台然后要选购椅子，吧台的高度减去 30 厘米就是你可以挑选的座椅的高度。否则，样式看了很满意，实际一摆放就会发现膝盖无法伸展，那就白忙一场啦！

厨房中岛旁的吧台椅高度，最好是中岛台面的高度减去 30 厘米，这样坐起来才会更舒适。

记不住这些复杂的数字也没关系，告诉你一个简单的小技巧。无论是餐桌、办公桌还是厨房中岛等，只要桌面（台面）高度减去 30 厘米，就是最舒适的座椅高度。

圆形茶几好，还是方形茶几好？

除非你有吃饭看电视的习惯，或是家里的客厅面积非常大，否则，真的没必要购买一张巨大的茶几来占用空间，它日后很有可能变成堆放杂物的区域。但我也有遇过客人家里的茶几大到跟一张单人床差不多的情况，但一点儿也不显突兀，因为整体比例协调，所以反而显得大方高贵。

但对于大多数人的家居空间，我建议选择套几或可以轻松挪动的款式，除了能让空间看起来更有设计感，家里人多时也能更轻松地穿梭走动。

客厅茶几与家具之间的舒适距离

ANDO

可以轻松挪动的圆形茶几，错落摆放可以提升视觉层次感，也可以随意移动，兼具实用性。

另外，建议大家可以多多考虑圆形茶几，因为大部分的家具都是长方形的。局部添加圆形线条，会让空间整体的视觉效果多些变化，也让人感到空间更为活泼。

沙发该如何选?

单从外观来判断，低靠背沙发会带给人放松慵懒的感觉，显得线条流畅，能赋予空间青春气息。高靠背沙发则相对霸气、成熟，若选用的又是皮革材质，则更显成熟。因此应首先判断空间主要使用者的年龄，或是根据业主期待的画面来选择低靠背沙发或高靠背沙发。

再者，便是关于支撑性的讨论。低靠背沙发虽然不如高靠背沙发支撑性那么强，但可以轻易地通过使用抱枕来化解腰背依靠不足的难题，同时增加空间视觉层次感。我个人偏好使用低靠背的沙发款式。高靠背沙发或电动式沙发虽然舒适，但容易成为空间里的“美感杀手”，我较少使用。关于这部分的权衡，还得看自己更在意什么，也没有标准答案。我建议业主可以将高靠背沙发或电动式沙发改为单人的按摩椅款式，放置于卧室或书房等空间，这样既可以保持客厅的整体美感，又能完美享受放松的坐感。

沙发款式	优点	缺点
低靠背沙发	年轻、现代	支撑度低
高靠背沙发	大气、支撑度高	容易显老气

线条简洁利落的低靠背沙发会让空间更显年轻、摩登，与其他现代风格的家具的搭配也相对容易，整体轻柔和谐的色调，体现出简约利落的北欧风情。

虽然同样是低靠背沙发，但因材质与轮廓不同，所展现出的空间氛围也会大相径庭。例如这张咖啡色复古沙发，结合带有做旧感的木质墙面和铁艺元素，打造出充满个性的工业风家居样貌。

合砌设计和 Carol 软装提供

沙发的摆设方式可以改变家的氛围

过去沙发的摆设方式就是所谓“1 + 2 + 3”，但现在更多人喜欢一字形或L形沙发，再搭配一把主人椅或是一两个小坐凳。这种方式会让空间富有变化，不会让人感到乏味或冷冰冰，甚至因过于严肃，而让空间显得有些老气。

沙发的摆设方式跟业主的使用习惯也有绝对关系。过去大家都特别依赖电视机，在以电视机为生活中心的情况下，沙发的摆设方式也比较单一。然而，现在越来越多年轻人的家里没有电视机，或是以厨房中岛衔接大餐桌，作为一个家的中心，那么沙发的陈设将有更多选择。

其实不管怎么摆放沙发，重点是在鸟瞰状态下，座位彼此呈口字形，或“ㄇ”形的围绕效果，用意是让大家在这个区域能够产生被凝聚在一起的感觉。

沙发的摆设方式

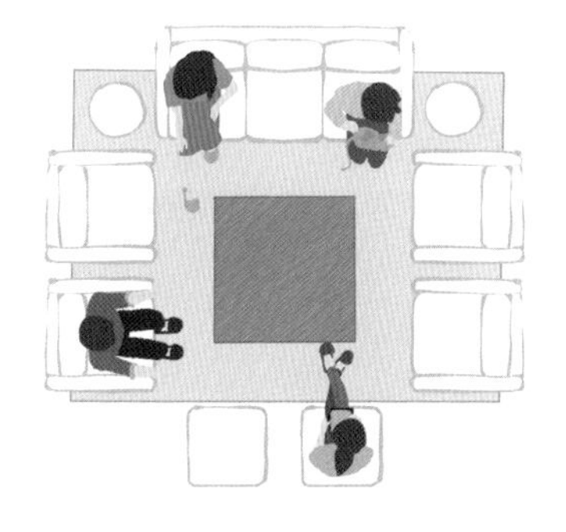

座位呈口字形或“ㄇ”形，可提升客厅的凝聚力。

而我自己很喜欢在客厅混搭皮凳或编织材质的小圆凳，它们不仅样子小巧，不占空间，临时需要增添座位时更是好帮手，平常还可以垫脚，可以说是一物多用。如果客厅面积较大或客厅是狭长的空间，则可以借助区域切割的陈列方式来修饰空间的视觉效果。

将不同材质的椅凳与沙发进行混配，不仅可以赋予空间丰富多元的样貌，也能增加灵活实用的功能。

奇果设计和 Carol 软装提供

你家真的需要餐桌吗?

如果说客厅的灵魂家具是沙发，那么餐厅的质感成败就要交给餐桌来定夺。过去我们在做预算的时候，会认为家具买便宜一点的会比较省钱，但也很容易因此就让整个空间的美感变了调。选择家具的宗旨在精而不在多。你还记得前面章节提到的我家既没有餐桌，也没有茶几吗？这就是宁缺毋滥，以及把钱花在刀刃上的决心。

挑选餐桌之前要先想想，你真的会经常下厨吗？这个餐桌会不会变成另一个落灰尘、堆杂物的地方？如果会，那么我建议你把这笔钱省下来，别担心没有餐桌会感到很奇怪，摆了餐桌椅却仍然在客厅吃饭才真的奇怪呢！但有些人就是这样做的。先确定你们家是否需要一张餐桌，再来思考尺寸、材质、圆方等的问题都不迟。

长方形桌子不仅可以作为餐桌使用，与厨房中岛相结合设计，还能增加工作台的面积，更兼具办公桌和孩了写字桌的功能。

合砌设计和 Carol 软装提供

通常，在家具配置上我还是习惯选择长方形餐桌，因为其用途更广，不仅可以作为餐桌，亦可是小户型空间的多功能区，还能在这里陪伴孩子写作业、玩玩具或家庭办公。

另外，也是由于市面上好看的圆桌并不多，且通常都是中式家具那种看起来很庄重的款式，不然就是玻璃台面的款式。

餐桌材质上也建议以木质作为优先选项，因为木质能瞬间为空间带来温馨的氛围，整理上又不像玻璃材质那样需要时时擦拭（否则容易显脏）。如果家里有小朋友，也不用担心因为施力不当而造成破损。

圆形餐桌能为家居空间带来俏皮感，搭配缤纷多元的色调，既能体现空间的鲜活朝气，也能彰显柔和温暖的氛围。

若空间面积有限，可使用两人座的方形桌作为餐桌，小巧的餐桌也能作为家居办公桌。

不过，如果空间的使用者仅有一人，那么小尺寸的圆形餐桌倒是另一个较为俏皮的选择。现在市面上有不少白色石材结合木质或金属桌脚的餐桌款式，给人一种精致利落感。

恰到好处的餐桌椅搭配，让空间更有品位

在餐椅的选搭上，统一的款式通常会给人留下较为正式规整的印象，适合偏古典风格的空间。混搭不同样式、材质或色彩的餐椅，则会为空间增添轻松的氛围。如果你担心每一张餐椅的样式都不同会显得太乱，那该怎么办？

建议四人座可采用“2 + 2”的布局，即座椅有两种款式，每种选两个。若为六人座，则采用“4 + 2”的形式，基本理念就是偶数搭配法。

餐桌椅搭配参考图

六人长条形餐桌的座椅也可以遵循“2 + 2 + 2”的搭配原则，让用餐空间更加活泼，不显单调。

那么八人座就可以是“4 + 4”或“6 + 2”这样的方式，既不显乱，又不会太过呆板。但也有人喜欢每一张椅子都是不同的造型，当然也可以，但要注意彼此之间的协调性，以免带给人拼拼凑凑的感觉，那就弄巧成拙了。

美感书柜就该这样陈列

前面的内容中简单提到，我个人偏好的展示柜陈设方式是不会将全部的东西填满柜子。因为这样很容易互相抢戏，这对于我来说算是室内装饰的大忌。延续主角、配角的搭配逻辑，在展示柜上面，我也会特别摆放一两个较为出色的物品，其余的摆件会选择比较简单的款式，例如植物、小画框等，去衬托主角。

▲即便是书柜，也需要为其留下一个可以自由呼吸的空间，摆放上花卉，减轻笨重感。

集品文创提供

◀别将层架仅用来收纳东西，适当留白，并用小配件去点缀，会让层架展现出精质感。

居家先生提供

否则，你家的柜子摆得跟百货公司卖场一样，也是蛮突兀的。但凡事都有例外，如果你确实是希望让展示墙作为空间的焦点，例如很多男孩子喜欢收集球鞋或手办模型，那么直接把整面墙变成战利品收藏柜，也是一个不错的方式。

无论是哪一种物品，将同类型物品摆放在一起，都会令视觉上更加聚焦且更具张力。

集品文创提供

让展示柜不显杂乱的重要技巧在于“同类型”。球鞋或手办模型虽然摆满了整面柜子，但它们是同类型的物品，反而会因数量多、体量大而产生美感。

我也曾在网络上看到不少收藏达人会有一整柜的精品包或高跟鞋，那样也是蛮令人眼前一亮的。但建议你这时候把空间中的其他家具、灯具等稍微收敛一下，这样才能避免出现太多重点。

书籍不是只能直立放置，有时换一种摆放方式反而能展现更好的效果。

集品文创提供

我也曾被问：书柜里的书要怎么展示才会更好看？这是一个有趣的问题。多数问这个问题的人觉得，国外的一些家居照片中，他们的书柜墙都好美，自己家的怎么总是乱乱的，差别在哪里？其实很简单，当你的书都是硬壳精装本、书皮颜色也经过分类整理，书柜本身也很简约时，你的书柜墙也会很有质感。

但实际上，大部分我们买回来的书，不都是硬壳精装本，厚度也不太一样，书皮颜色一定也什么都有，随便摆放后自然显得杂乱。不少人喜欢把书柜做成各种造型的，例如树木或不规则的几何图形等。这样的柜子刚做好时很美、很有特色，但是后期却很难进行收纳，再加上你的书如果没有被刻意精选过，不管是什么书，直接摆上去的话，就很容易显得杂乱。

要将书柜墙打造成具有质感和品位的样貌，有两种方式：一是针对家中藏书量不多但想要拥有视觉美感书墙的人，可以将书柜进行 1/3 留白，柜内所摆放的饰品建议以大型单品为主，如灯具、雕刻饰品、花器或相框等，让视觉比例维持平衡；反之，如果只是摆放小型单品，如小玩偶、饰品盘、器皿或钥匙圈等小物件，就容易让整个书柜显得琐碎杂乱。

二是针对那些相当热爱阅读且拥有大量藏书的人，你可以将书柜全部摆满，按照图书类型或色彩来区分，构筑出宛如图书馆般的文艺效果，也能为家居风格增添诗意。

即便书籍外观不一致也没有关系，只要适度留白，再点缀上饰品，并将书籍换个摆放方式，同样能让书架看起来相当美观。

Dentro dite
CREATE WONDERFUL HOMELIFE
AURORA FOLKLORE
FINNISH
SPECIAL ISSUE
Dentro dite
AN ANCIENT
HYPEBEAST
AURORA FOLKLORE
FINNISH
AF-29
BEAST

case

实景案例解析 1

虔诚夫妻的雅致中性空间

说起这个案例，对于我来说也是一次相当难忘的经历。这对在澳大利亚打工留学时认识的夫妻，两人都有非常虔诚的信仰，因为有时候想在家里举办一些活动，所以希望能够提供足够宽敞的空间给需要留宿的朋友，以及拥有明亮清新的自然采光。终于，在寻觅很久之后，找到了一间符合他们要求的屋子。但由于预算有限，夫妻俩除了改善部分室内装修之外，其余希望在软装设计师的帮助之下，使空间呈现为符合两人风格与需求的崭新样貌。

当我们初步讨论时，我已经可以从他们提供的照片中明确知道他俩喜欢的风格。他们希望家居空间整体能够体现欧式优雅简约的气息，但同时也要带点个性的中性风格。我便以他们婚礼上捧花的蓝、白色调为灵感，添加上灰阶色彩，以平衡过于柔美的感觉，再点缀上细腻精致的软装元素，让整体空间充满精致感。

简约利落、内敛优雅的风格，就是夫妻俩最希望打造的家的模样。

受新娘婚礼上使用的白色与蓝色捧花的启发，加入一些灰阶色调，打造出适合两人居住的中性空间。

在灰色摇椅上点缀粉红色抱枕，让空间更具优雅个性。

在整个空间改造的过程中，我们保留了房屋大部分原始的结构，仅通过一些软装技巧来变换风格，例如刷上奶茶色的乳胶漆，在推拉门上贴木皮，换上不同的材质等，将之前保留的元素与新加入的色彩和材质完美融合，建构出和谐舒适又极具美感和品位的家居环境。

背景墙上挂着恰巧从某艺术家工作室寻觅到的画作——《指引》，为空间增添更富诗意的意象。

保留房屋原本的结构，换上浅色木纹地板，在玻璃背景墙上贴蓝灰色波音软片，在走道墙面上刷奶茶色乳胶漆，推拉门换成温润的木皮，再点缀些带有现代感的家具，空间瞬间焕然一新。

将原来的卧室背景墙改为浅色软垫织纹，搭配宝蓝色床品和灰色窗帘，展现空间明亮清新的氛围。

拆除不符合业主审美风格的电视背景墙，并将其改造成简约利落的白色墙面，搭配同色系的电视矮柜，展现空间更加宽敞明亮的效果。

我的随想

Carol's notes

看完第2章，你是否对家居风格、配色和陈列摆设有了更清晰的认识？你是否对物品的比例、主配角的定位有了新的认识？

实际上，好好去整合自己喜爱的每一件生活用品和家具，就足以表现你的品位。生活美学本不是矫揉造作，而是一件自然而然的事。以前当有人问我应该怎样培养美感时，我还真不知道该如何回答。因为对我来说美感是天生的，如同运动细胞或是某种天赋那样，是与生俱来的。但美感真就无法培养或练习吗？

我仔细思考后觉得，每个人确实天生有鉴赏力或审美观，因此有喜恶之分、判断选择，差别只是在于创造力。就像你吃得出哪道菜可口，却不见得做得出这道菜一样，鉴赏与创造是两件不同的事。若问："美感如何养成？"对我来说这道题仍是无解的，美本身就是一种主观的意识。但如果谈到如何变成一个更"有感"的人，我倒是有些心得体会。

美学大师蒋勋曾提到，以前他会建议大家多去美术馆、博物馆逛逛，但后来发现对一个对生活无感、过得粗糙的人来说，就算去了可能也很难体会到艺术中的奥义，更别说是提升美感了。对于有些父母问帮孩子报名学钢琴还是小提琴比较好，他只是淡淡地说，与其只是填满这些时间，不如好好地陪伴，才能更好地释放孩子的情感与天性，而不是被疲累压抑。

他开始倡导先让自己“活得像个人”，然后才能更好地体会何为艺术，在这种状态下去学习，才能将知识真的转化为一种独特的气质。

怎样才叫“活得像个人”？生活的美感是什么？有的人每天汲汲营营像陀螺般打转，饮食只是一种维持生命运转的方式罢了。走在路上，也从不曾留意周边的细节，什么季节花开，什么时候叶落都与己无关，赚钱都来不及了，哪里还有闲情逸致谈其他的，是吧？美仿佛是一种既定甚至做作的模式，非得撕张门票走进去观摩的才能称为艺术？只有米其林星级评定后才算是美味？这真是极大地误解，也是我们和美感之间最大的隔阂。

我自己很喜欢到大自然中找寻灵感，它一直是我的启蒙导师。除了学习，我懂得万物存在皆有价值。小时候在路边看到野花会情不自禁地被吸引，我会仔细地观察它们的纹理：叶子是什么形状，树枝是什么颜色，花瓣的晕染有几种层次。

那时候说不出这些具体的细节，只是单纯陶醉在其中，常为此消磨好长一段时间，心情也很愉快。下雨天时雨滴打在身上的感觉，奔跑时水花溅起的样子，都会在我脑海中留下深刻的印象。

直至今天我还认为，人创造出来的东西再美，于天地之间根本无法比拟。即便感受风吹过树梢时叶片的摆动姿态、香气与声音都是一种乐趣，只是不见得人人都曾去留意。唯有五感同时开启，自然就会发现美一直都在我们身边，俯拾皆是，不是一定要走进教室或是拜师学艺才会懂。

合砌设计和 Carol 软装

第3章

空间中的魔法师
——软装元素

这里的软装元素，泛指除家具以外，空间中可以移动的元素，如布艺、织品、灯具、挂画、饰品、植物，等等，也是最适合为空间加分的道具。本章将从照明、织品、植物和装饰品着手，教你利用软装元素改善家居氛围。

照明

Lighting

光线设计得好，营造气氛没烦恼

为何采光好的房子总是卖得特别贵？原因是人人都爱通风好、采光佳的空间，不仅仅因为这样的空间对我们的健康有益，能改善心情，更在于光线之于空间的美感发挥着非常关键的作用。但除了先天条件之外，是否可以通过其他方式来为空间加分？或者说到了晚上，我们应该怎么运用灯光来营造气氛呢？

这里我先把灯具角色分成三大类：

普通照明（主灯）：整个空间均匀照明的来源，主要由天花板灯具提供。主要优点是亮度高，缺点是较为刺眼，周围容易产生暗角。

情境照明：指的是间接照明、落地灯、台灯提供的照明，主要作用是烘托氛围辅助补光，能够减少主灯带来的刺眼感，但相对而言照度也较低。

功能照明：特别需要加强或聚焦的地方的照明，例如挂画、艺术品的轨道灯，以及办公、学习、阅读时的照明灯具，可以根据不同的生活场景需求设置，照明的范围较小。

默党设计和 Carol 软装提供

隐藏式照明比起天花板的普通照明更能够烘托空间氛围，如果你偶尔想要改变家居氛围，可以通过照明设计来实现。

很多人误以为，要让空间明亮一点就是在装修时直接将灯具布满天花板。但你们家又不是便利店或大卖场，这种方式完全没有美感可言。

最好的做法是妥善使用落地灯、台灯这类情境照明灯具，让整个空间的光源，从天花板至地面，能够在高、中、低层面平均分布，这样才能达到亮度均匀的效果，也有助于营造氛围，还更省电。我在家时常常就只开辅助光源，不开天花板上的灯，然后放个音乐，点上香氛蜡烛，让人觉得非常舒服放松。

▲▼不同色温的光源为空间带来的氛围有所不同，厨房使用比较接近自然光的 4000 开的暖白光比较合适，而餐桌上方 3000 开的吊灯光会为餐厅营造出温暖又富有情调的氛围。

提升空间的温馨感就靠它

为什么餐厅、咖啡店总能给人留下浪漫、放松、优雅的印象？黄光是关键因素。很多人也希望在自己家里实现这样的效果，那样就不用天天泡咖啡店了，多省钱。当我们说白光、黄光时，单位是开尔文，用字母K表示，也就是色温的计量单位。如果你购买了落灯地、台灯，但灯泡采用的却是白光，那对于提升家居空间的温馨氛围就几乎没有帮助。

三种常见的色温分别是：6000开、4000开和3000开（或3500开）。

大卖场、教室的日光灯管一般是6000开，浪漫咖啡店的黄光则是3000开，介于中间的就是4000开，又称作暖白色或太阳光。它不似日光灯那么惨白，但整体而言还比较接近于白光，仅透着一丝微微偏黄的光。

对于想要整体空间相对更明亮，但又不至于让家里变补习班的业主，我多半会建议天花板上采用4000开的色温，接着辅助台灯、落地灯，最后再使用3000开的光源来平衡整个空间的色温。

以实用又极具美感的吊灯美化空间

了解了灯具的功能和色温后，我们再来谈谈样式。灯具的品类繁多，光是跟墙壁连接的品类就有吊灯、吸顶灯、筒灯、投射灯、壁灯……种类不胜枚举。空间中不一定要悬挂主灯才能发挥实质的照明作用，有时使用嵌入式筒灯或轨道灯，同样能够打造明亮舒适的空间。

无主灯的客厅通过嵌入式筒灯和轨道灯营造明亮的效果，也可以结合不同的需求切换光源，例如欣赏电影的时候只留下轨道灯，为生活增添不同情调。

小巧简约的金色灯罩不仅具有聚光作用，还能为空间注入精致轻奢的气息。

合砌设计和 Carol 软装提供

以常用又能创造美感的吊灯来举例，悬吊数量从单盏、双盏、三盏至多盏，可随意变化。如果你家客厅与餐厅相邻，我不建议两边都挂吊灯，这样会有一种互相争妍的感觉。当然也有例外情况，如果你家的灯具款式是相同的，单纯想运用不同盏数来为空间做造型，并将其延伸到整个室内，也是没有问题的。

吊灯可概略分为有灯罩的和无灯罩的两大类，而灯罩的常见材质则是金属或布料，金属传达利落、简约的气息，而布艺灯罩则是偏温馨的形象。该怎么选择取决于你想要什么样的风格。

小贴士

吊灯的悬挂高度该如何拿捏?

灯具的悬挂方式，是要水平整齐一字排开，还是高低、远近错落排列，其形象、特色皆不同，也没有硬性规定。重点在于，配置空间时一定要从整体着手。当灯具造型特别浮夸时，其他的软装元素就要稍微收敛、简约一些，作为空间的配角来衬托灯具，让其成为主角，避免出现整个空间凌乱、主题紊乱的情况。

吊灯下缘与桌面的距离，可先以 80 厘米为基准，再根据具体情况调整精确的高度。调整依据是当人坐下时，上方光源是否会产生眩光。无灯罩能直视灯泡的灯具，悬挂太高就易产生眩光，悬挂高度应降低至 75 厘米或以下。可以直接选择光通量较低的灯泡，原因是其本身亮度低，以氛围营造为主，而非功能照明，且不用担心刺眼或灯具挂得太低碰头的问题。

吊灯悬挂高度的参考

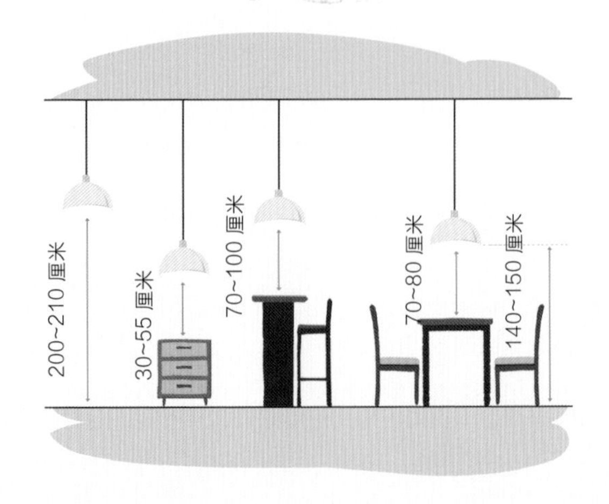

舒适尺度的吊灯安装间距

灯具之间至少要保持在 30 厘米以上的间距才不会显得拥挤。如何判断灯具间距是否合适？有个简单的计算公式可供大家参考。

假设桌子的总长度为 200 厘米，我首先将左右各扣掉 50 厘米进行留白，目的是避免灯具太贴近桌子边缘而显得局促、不美观。接着用剩下的 100 厘米除以“灯具数量减 1”，便可以得到合适的安装间距。即：吊灯安装间距 =（桌长－ 100 厘米）÷（吊灯数量 -1）。

这里我以200厘米长的餐桌搭配3盏灯具为例，灯具安装间距为：（200−100）÷（3−1）= 50（厘米）。

当然，你不一定要完全复制我的公式，可以自行斟酌更宽一点或更窄一些。如果你家的吊灯是由好几个小型灯具组合而成，想营造高低错落的效果，就不需要分得太开，反而应更集中一些，才不会太呆板，少了随性美。不过应谨记，灯具本身造型越大，就越应适合拉得远一些，反之亦然。

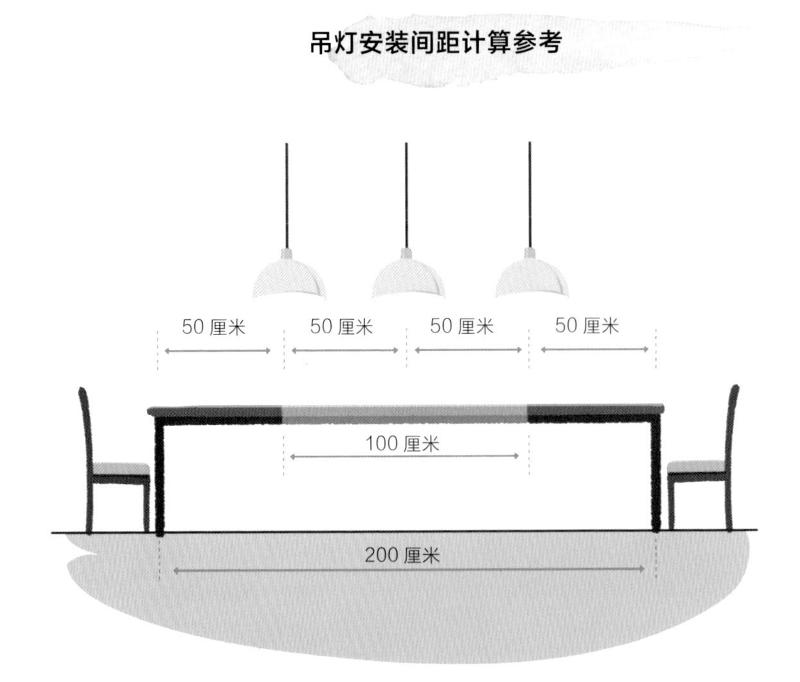

吊灯之间的距离以 30 厘米以上为佳，距离餐桌边缘约 50 厘米，就能呈现最舒适的视觉效果。

诺禾设计和 Carol 软装提供

当然，你也可以事先运用此公式去判断，要选购的灯具是否会挂得太拥挤。这样就可以避免买了比例不合适的灯具又需要退换的情况。

为家里增添一盏落地灯吧！

我非常喜欢在空间里使用落地灯，除了前面提到的能够让空间的亮度更加均匀外，灯具本身的造型搭配沙发、单椅，或单纯伫立在空间的角落，都非常美。过去我的客户总会因宠物或孩子的关系而舍弃落地灯，其实只要慎选款式就可以化解问题。

◀▲落地灯的款式很多元，可以利用它简洁利落的轮廓来提升客厅的氛围；儿童房则建议选择圆润可爱的落地灯造型，不仅不用担心会被推倒，也可以为孩子夜间活动的安全性加分。

例如，底座为混凝土或石材的款式就非常重，成年人移动都很费力，并没有那么容易就被推倒。其实灯罩只要避开是玻璃材质的款式即可，布艺材质的灯具就算真的被推倒，也不用担心破损或伤到小朋友。现在的灯具款式十分多元，真的可以多逛逛看看，不要因为一些心目中的成见而轻易舍弃了可以使空间变美、变温馨的方式。

不对称也是一种美

前面讲色彩时，我提到了衬托法和协调法。其实家具、灯具的陈设也可以遵循类似的原理。

对称：无论中西风格，只要是越接近古典美的，就会越注重对称。在沙发或床头两侧摆放相同数量和款式的灯具，以求实现视觉的平衡美。

采用对称的方式来布置灯具，展现典雅高贵的风情。

在床头两侧摆放同款灯具，彰显古典美感和秩序感。

耘珽设计和 Carol 软装提供

不对称却平衡： 当代的审美，通过转换形式来达到另一种美的状态。例如利用左右两侧不同的单品，达到比例平衡，构建出视觉协调的美感。

无论使用哪一种方式来布置灯具，最重要的是达到视觉比例的平衡，最终打造出和谐舒适且耐看的空间。

采用不对称的方式摆放灯具，但
同样采取两侧比例平衡的布局，
展现符合当代美学的样貌。

织品

Textile

两种方式教你挑对窗帘

织品可说是一个空间里使用范围最广的单品。从客厅的布艺沙发开始，抱枕、地毯、盖毯、窗帘，到餐厅的桌布、餐垫，再到卧室的床品、卫生间的脚踏垫、浴巾等都能见到织品的身影。

首先我们来了解一下窗帘的种类有哪些。布帘、纱帘、卷帘、调光帘、风琴帘、罗马帘、木百叶帘等，面对琳琅满目的窗帘种类，该怎么为自己的家搭配呢？

我的判断依据是功能和价位。

风琴帘是最近相当受欢迎的窗帘类型，它不仅能为空间带来人文艺术感，也具备多元功能。

合砌设计和 Carol 软装提供

功能：一般来说，卧室会特别重视百分百遮光性能，布帘、卷帘和罗马帘在这个方面的表现会较为凸出。那其他种类的窗帘在这一回合就可以先行退场了吗？

倒也不尽然，关于这一点稍后再解释说明。如果说卧室区域，你既要遮光性能良好，又不希望花太多钱，那确实可以选择单层的传统布帘或卷帘，因为它们的耐用性相当高。至于属于卷帘类型的罗马帘，可随意调节光源，收放也方便，可为空间带来不一样的美感。另外，常用于美式风格或乡村风格的百叶窗，不仅具有遮蔽和调光的双重功能，也可依照空间风格来选用材质，如塑料片、木片或铝片等。

再者就是最近广受欢迎的风琴帘，它除了具备遮光作用之外，其中空结构还有助于隔热保温，且不易沾染灰尘，好清洁。

价位： 如果预算充足，且你希望在满足基本遮光需求之余还要追求质感，那么就适合采用双层帘的方式来呈现。卷帘可以说是单价最低的一种品类，虽然样式简单，但只要整体空间搭配得宜，就不会拖垮空间的美感，反倒是选了大红大紫或百花争妍图案的窗帘，我通常会捏把冷汗。

如果你想使用布帘为空间增添美感，那么布料的质量、产地、功能、花样、用布量、车缝、打褶等都会影响到价格，可根据自己的预算来选择样式。

卧室采用双层窗帘，可根据居住者的喜好来调节光线，选择与壁纸相同色调的花卉图案，营造出统一的质感。

木质百叶窗结合纱帘，却意外营造出独树一帜的氛围效果。

一般来说，在我们的印象中双层窗帘就是布帘搭配纱帘，但其实窗帘的世界无远弗届，几乎可以说任何窗帘都可以搭配布帘或纱帘。例如，我自己就很喜欢木百叶的质感，但因为百叶窗的遮光性能并不太高，所以我会结合布帘与百叶窗，不但能够保证遮光性，而且可以通过两种不同窗帘的材质和形式表现出更有趣的对比。唯一的缺点就是成本比较高。同样，布帘也可以结合卷帘或是调光帘、风琴帘等。

之前我也提到，一个空间里织品出现的频率是最高的。我自己的习惯是，如果整体预算比较有限的话，那么我会将窗帘作为调节总预算的弹性选项。也就是说，单价较低的卷帘我会运用在不太重要的空间，把质感较好的双层窗帘用在客厅、主卧等空间。这样在取长补短的平衡之下，既可保证空间的美感，又不会花费太多钱。

布料柔软的特性，能够瞬间为空间增添暖意，是提升空间质感的得利帮手，只要运用得当，不需要花太多钱也可以让空间充满美感，因此织品装饰物的使用是我非常注重的一环。

放大视觉空间的方法

悬挂布帘或纱帘时，切记悬挂的高度要比原窗框拉高 15 ~ 20 厘米，即可神奇地让空间产生高挑的假象。

窗帘的宽度也可以比实际的窗框大些，可以造成空间宽敞的视错觉，进而让空间比例重获新生。就像女生通过涂眼影、刷睫毛膏、画好眼线让眼睛看起来变大，是一个道理。

布帘与窗框的比例

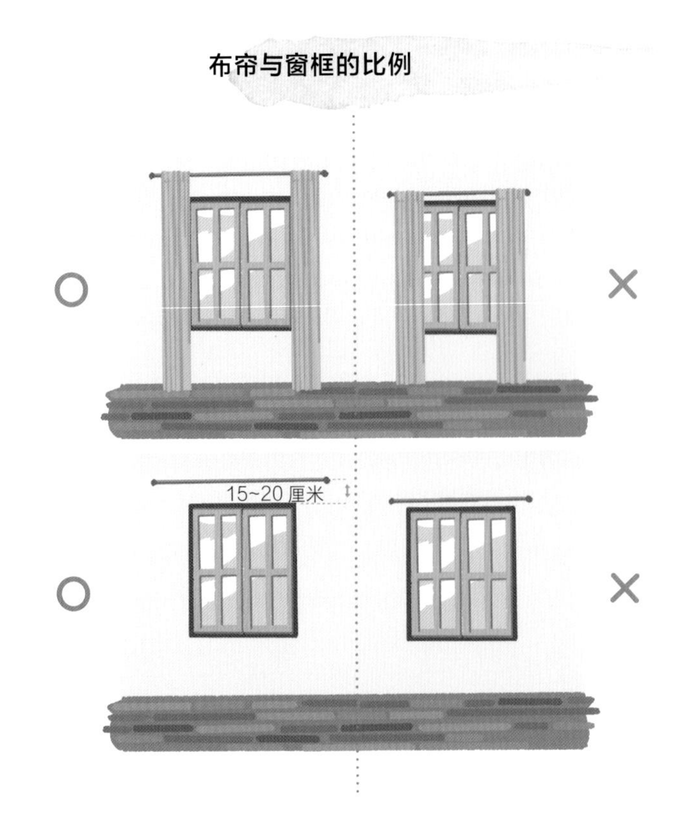

落地窗帘常常可以为空间带来戏剧般的迷人效果。

合砌设计和 Carol 软装提供

即便是非落地型的窗户，亦可以通过窗帘的长度去做延伸，这是非常关键的技巧。如果你家的窗户比较小，想通过节省布料来降低预算的话，那么我建议你直接采用卷帘、百叶帘或调光帘等，以符合窗框大小的形式去搭配，千万不要采用短布帘的方式。我认为布帘的迷人之处正在于其垂坠的特质，若是选用了布帘，却没有展示出它发挥高挑、垂坠的美感，将是很可惜的事情。

空间里一定要铺地毯吗?

空间中的织品除了窗帘之外，地毯也是常见的家饰用品之一，但地毯是否有存在的必要，可从两个角度来判断：

地板的材质：当地面铺设的是大理石或瓷砖时，空间属性是冷调，此时加入地毯有助于提升整个空间的视觉温度，达到烘托空间温馨氛围的作用。若原本已是木纹地板，那么无论有没有地毯，都温馨感十足，就算不加地毯也无妨。

空间的面积：面积较大的空间建议使用地毯，可以创造出区域性的层次感，避免空间显得太空旷。而小户型空间，如果采用的是普通 30 厘米 ×30 厘米或 60 厘米 ×60 厘米的抛光砖，一样可以借助地毯来增添美感。但如果小户型空间铺设了木地板的话，使用地毯反而会降低木纹线条的延展性，而让空间显得更小。如果你真的想用地毯，那么建议选择形状不规则或中小型的地毯进行点缀。

苍砌设计和 Carol 软装提供

对于小户型空间，中小型的地毯与木质地板相搭配会更加出效果，或者可以将小型地垫安置于桌子之下，营造层次感，同时保留木纹线条的延展性。

使用一字形沙发时，不要将地毯压在沙发底下，这样更能彰显空间开阔大气的感觉。

耘珽设计和 Carol 软装提供

借用地毯让客厅变得更大气

以客厅为例，地毯的呈现方式有两种是比较理想的。假如你的家具摆放呈“⊓”形，预算也较为宽松，那么地毯最好超过家具的总面积，也就是全部家具都在地毯的框框之内。

但是请不用刻意将地毯的边角压在沙发下方，这样反而会让空间显得局促，让人有压迫感，也不显大气。如果你真的想要将地毯压在家具下，至少要超过家具面积的一半。

不然，不建议直接铺设地毯，或是撤掉其中的两人座，让沙发呈现L形，甚至直接留下一字形沙发，再搭配上单人椅，保证布局是开放的，而不是闭锁的。这时即使地毯不压在沙发下方，也不会让人感觉沉闷。

将地毯铺好之后，站远一点观察再进行调整，会比简单地压住效果更理想。

地毯摆放位置参考

建议这样做

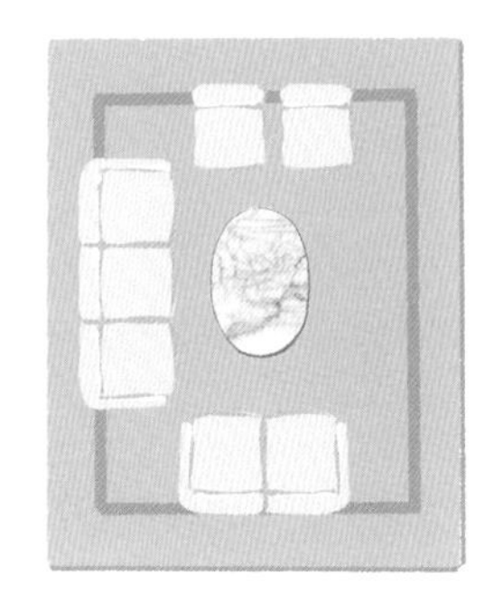
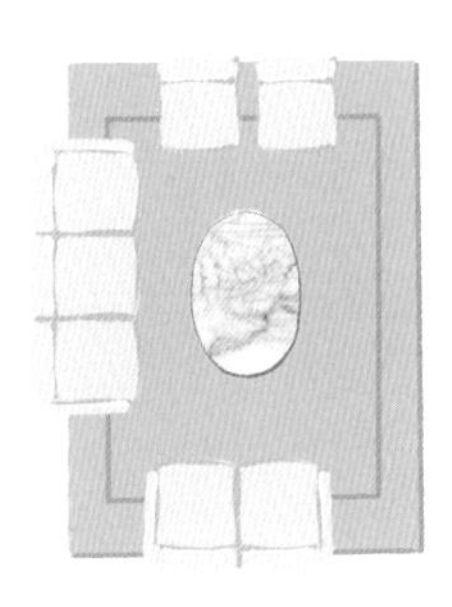
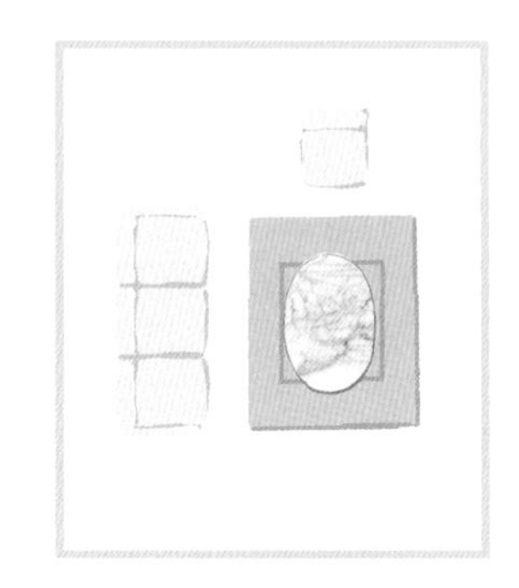

不要这样做

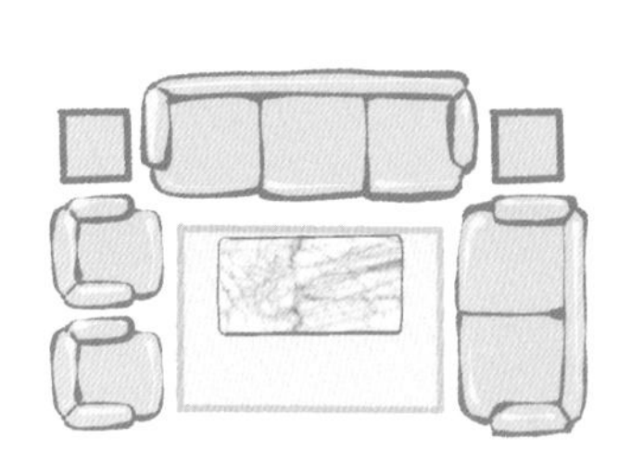
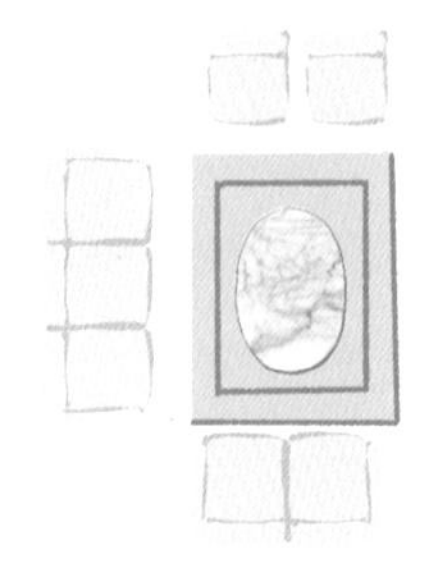

不建议的原因：
家具团团包围了地毯，会让地毯显得更小。

小巧的圆形地毯为客厅空间注入了暖心气息。

小贴士

打造让人看一眼就想躺下的床

若说沙发是客厅的主角，餐桌是餐厅的主角，那么卧室的主角便是那张床。如何把床铺得好，让人看一眼就想飞扑上去，才是设计重点。大家是否有这样的疑问：为什么百货公司或家具店的床看起来总是特别舒服？床铺得好有两个关键技巧：一是蓬松度，二是垂坠感。

可以回想一下自己卧室的床单、被套，铺上去之后，是不是跟床垫刚好平齐，犹如吐司上面盖了火腿那样。这种状态少了垂坠感，略显呆板。

枕头、棉被也是如此，现在的人通常会选择记忆枕，其实我现在的枕头也是这种材质，但如果是需要拍照的场合或是样板间的陈设，我会挑选特别蓬松的棉被和枕头。百货公司的棉被之所以有那么漂亮的垂坠感，是因为店员一般都会挑选尺寸较大的双人床来陈设（大号或特大号），或是叠加两三层盖毯打造层次感。我们的日常生活中可能不会这样安

床品陈设的关键技巧：
1. 蓬松度
2. 垂坠感

排，但如果基于场景需求要特别展现效果时，掌握这个关键原则就对了。

如果你的卧室也想要摆出像酒店那样华丽的状态，抱枕的堆叠就显得很重要。通过搭配长方形、正方形、大小型号不同的抱枕，可以轻松营造出颇具高级感的画面。

奇果设计和 Carol 软装提供

利用盖毯和抱枕的堆叠，创造出舒适放松的卧室氛围。

注：大号和特大号为美式双人床的两种尺寸，分别为 203 厘米 ×152 厘米和 203 厘米 ×193 厘米。

在此补充一点，如果你的床是大尺寸的双人床（大号或特大号），那么床头大抱枕的尺寸可以选用60厘米×60厘米的，这样的比例刚刚好，不然床架很宽，只放两个小枕头，就会显得比例不协调。

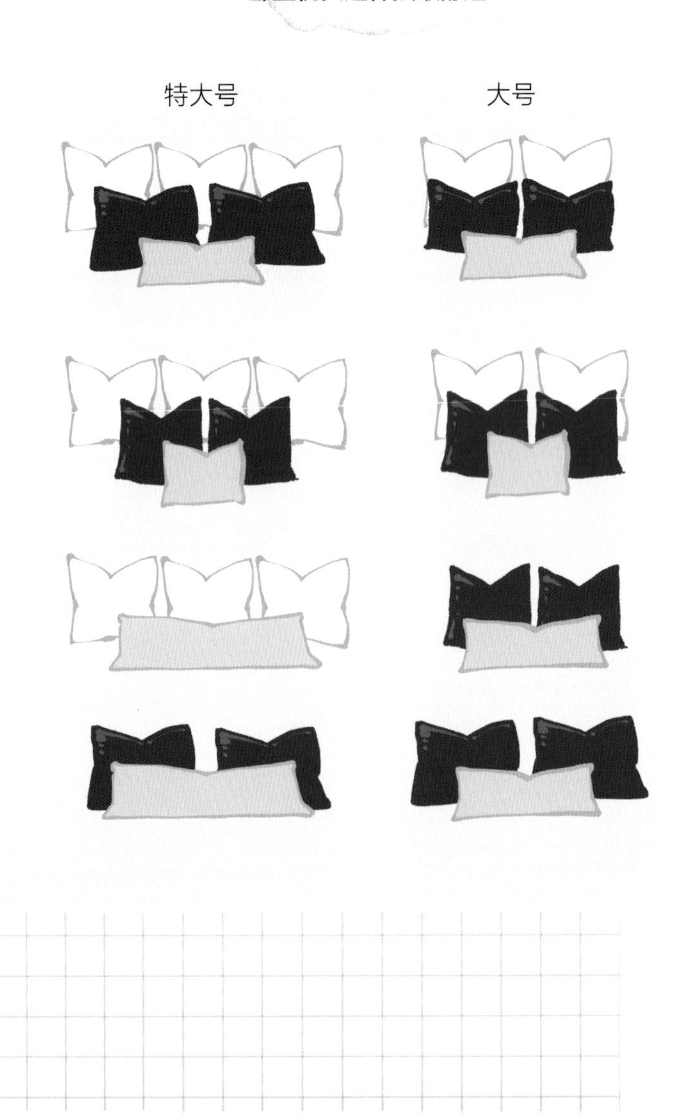

而沙发上抱枕的摆设数量我通常是只保留三个，这是我自己认为最不容易显乱的数量。因为抱枕一多，如果又没有时间去整理，那么就很容易变得凌乱不堪。这三个抱枕如何摆很重要。我会尽可能避免端端正正地摆放，因为那样感觉像是三尊“福、禄、寿”啊！

沙发抱枕可以这样摆

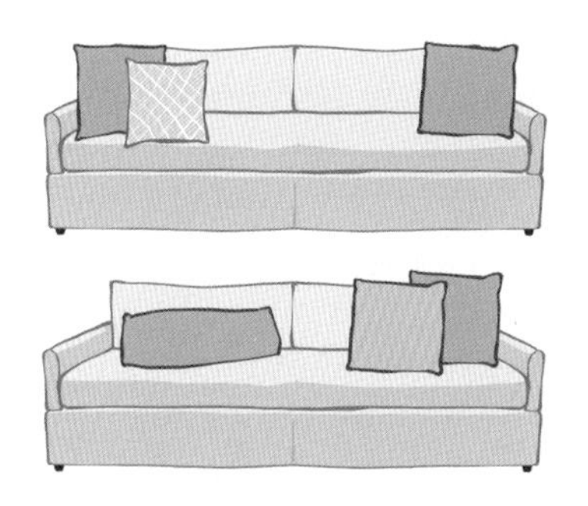

抱枕的搭配不但要注意色调，摆放的位置也相当重要，将两个素色抱枕放一边，将花色的抱枕放在另一侧，这样视觉上会更平衡。

植物
Plants

为家居空间增添生命力

在一些讲座上，我经常被问到的问题还有："如果我的预算非常有限，只能够买一点点东西，那有没有什么单品可以显著提升空间效果呢？"这道题我的答案始终如一，那就是——植物。

无论是摆在书桌、层板上的一小盆绿植，还是去花市挑选一把鲜花插瓶摆在餐桌或斗柜上，甚至是将高度在100厘米以上的落地植物放在客厅的角落或玄关入口处，都会立刻让空间鲜活起来，展现出截然不同的风貌。那么植物为什么有这样的魔力？

有别于家具、家饰或生活用品，无论样式、色彩或材质再怎么变化，它们终究都不是一个会生长或呼吸的个体。而植物则会每天发生些许的改变，它们的存在会让你感受到生命力。这源自我们对大自然的热爱，就像每当我们出门踏青，看到美丽的风景时，都会感觉心旷神怡，整个人都舒展开来一样。

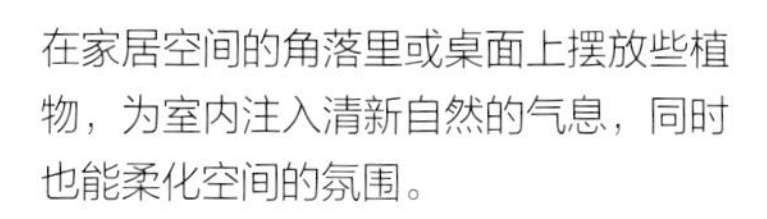

在家居空间的角落里或桌面上摆放些植物，为室内注入清新自然的气息，同时也能柔化空间的氛围。

▲默觉设计和 Carol 软装提供

▼合砌设计和 Carol 软装提供

防止植物招虫的小技巧

会长虫这件事，也是植物蒙受的不白之冤，其实并不是植物本身会长虫，而是它盆里的土本身已经有虫子先搬进去住了。就像很多房子有白蚁，也不是房子本身会长白蚁，而是有虫卵的木料当初被夹带进入装修里，后来孵化出白蚁，并开始啃食木材，而后衍生出白蚁家族。

市面上有许多阔叶的室内植物，只要摆放在靠近自然光的角落，或装饰在桌面上，既能为空间带来绿意，又不用担心招虫害。

如何确保植物不会变成虫子的家？这里推荐两个方法：一个是另外买新土去换盆，以确保原本的土不会成为未来的后患；另一种方法则是适当使用大蒜、醋、小苏打水来喷洒植物，以达到杀菌消毒，预防烂根、烂茎的目的。

“植物杀手”也能绿化家居空间

当大家知道了植物是一个空间装饰好帮手后，就会连珠炮似地问：“那有什么植物是好打理、易维护、不会长虫、不太贵又好看的呢？”

层板上不一定都要放置艺术品，有时放上 2 ~ 3 盆绿植，搭配合适的花器，就能使空间更加有质感，生活也会更加惬意自在。

大部分植物都是需要悉心呵护的，当然也有几个品种是生命力特别顽强的，比如绿萝。其实很多植物都不是因为干渴而死，而是因为水浇得太多而亡，但绿萝的厉害之处便在于，哪怕你水浇得再多，它也不会被淹死。你甚至可以直接剪一片绿萝的叶子，插在水瓶里养，它会慢慢长出须根，然后“蓬勃发展”，真的是非常神奇啊！

如果这些对你来说还是太麻烦，那么或许购买新鲜的花草来插瓶（一周换一次）可能更适合你。无论是鲜花还是绿叶，剪下以后插进水里大多能活 7~10 天。因此定期到花店逛逛，或者周末去花市转转，到切花区为空间挑选新鲜的植物来摆设，就不用再为自己照顾不好植物而苦恼了。

家居花艺搭配在近几年也相当热门，在餐桌上摆放一些时令鲜花，能够活跃家中的气氛，为空间增添浪漫情趣。

容易养护的室内绿植很多，有些还具备净化空气的作用，别白白浪费空间角落，大胆利用绿植进行装饰吧！

用室内的植物美化空间

常见的室内植物有龟背竹、虎尾兰、琴叶榕、春羽、招财树等，这些都是经常出现在超市、百货公司、办公大楼或餐厅里的大型落地植物。去花卉市场的室内植物区，很容易就能找到。

常见的室内植物	基础知识
龟背竹	又名铁丝兰，大型多年生草本植物，原生于热带雨林，喜好温暖、湿度较高的环境
琴叶榕	叶片纸质，提琴形或倒卵形，喜欢温暖、湿润且通风良好的环境，具有较高的观赏价值，稍有遮阴的阳台最为适合
虎尾兰	又名虎皮兰，因叶片有虎皮状浅绿和深绿相间的横向斑带而得名，属于耐旱植物，也是多肉植物的一种
招财树	又名瓜栗、中美木棉、鹅掌钱，原产于拉丁美洲的哥斯达黎加及太平洋中的一些小岛屿，性喜温暖、湿润、向阳或稍有阴凉的环境
春羽	多年生常绿草本植物，原生地是巴西的热带雨林，喜欢潮湿的环境，怕阳光直射

新手养护指南	图示
光照　中低到中高 浇水　中等频率，约一周浇透一次 温度　15℃ ~ 30℃ 特殊照料　定期擦拭叶片	
光照　中高到高 **浇水**　中等频率，约一周浇透一次 **温度**　15℃ ~ 30℃ **特殊照料**　定期擦拭叶片	
光照　低到高 浇水　低频率，约一个月浇透一次 温度　20℃ ~ 30℃，10℃以下要注意冻伤 特殊照料　定期擦拭叶片	
光照　中低到中高 **浇水**　中等频率，约一周浇透一次 **温度**　20℃左右，切勿暴晒 **特殊照料**　可定期向叶片喷水	
光照　中低到中高 浇水　中高等频率，约一周浇透一次 温度　18℃ ~ 25℃，切勿暴晒 特殊照料　可定期向叶片喷水	

不管你是养盆栽植物还是购买切花，植物本身绝对都是漂亮的，可是花器怎么选，就又是另一门学问了。不晓得大家是否留意过，很多人的办公室里都很爱放招财树。通常我们看到的是招财树被种在金元宝造型的容器里，然后叶子上面绑着一堆红色的蝴蝶结和金色铃铛。这种植物从小我就经常看到，在我心中它是一种很俗气的植物。

直到有一天，我在翻阅家居杂志时，看到一位法国设计师的家，正当觉得真是高雅、有品位的时候，我赫然发现，业主客厅里那盆生机盎然的植物竟然是招财树，但为什么会觉得他的招财树那么好看，那么优雅？仔细看后我发现，其实去掉那些铃铛、蝴蝶结之后，植物本身是美的。相同的植物用不同的方法去装扮它，装饰效果可能会有天壤之别。

一般来说，我选择的花器多半是比较素雅且亚光的材质，不会选择很有特色的款式。因为我想展现的是植物本身的美，容器是作为衬托的配角，因此只要样式素雅简约即可，不要抢走了植物的风采。

当然，你也可以逆向操作。如果你想用花器本身点亮整个空间，那么植物简单呈现即可，不用像过年那样整得那般隆重。但如同先前灯具章节中提到的主角、配角关系，如果你选了一个很抢眼的花器做主角，那就不要再选一个很浮夸的吊灯挂在它周围，造成互相抢戏的状况。“一山不容二虎”“王不见王”是不变的真理。

▲在卫生间放置多样化的绿色植物，可以美化空间，让家充满清新自然的气息。

寄果设计和 Carol 软装提供

▼好养护又常见的虎尾兰，其实只要为它选择一个具有现代感的花器，就能展现出它优雅独特的线条美感。

小贴士

摆放仿真植物也能产生同样的效果吗?

现在的仿真植物加工技术已经非常成熟了，如果你很喜欢用植物装饰空间，但又真的没有时间打理，那么仿真植物也是一个不错的选择。

人造植物不是真的，所以你完全不需要去花太多时间打理照顾，在这种情况下，很可能过一段时间后这些植物上面就会蒙上一层灰尘，或许就会给人留下你是一个生活比较散漫的人的印象，因此难以吸引那些为人细腻或谨慎的对象。

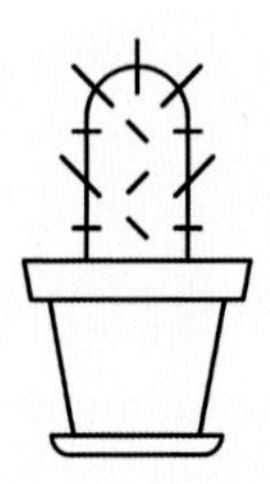

装饰品

Decoration

将日常用品作为家居装饰的一部分

很多客户找我改造空间时，常常一开始都会略带紧张地说：“不要挑太多的装饰品，我怕容易落灰尘，后期不好打理。”这时我都会请他们放心，因为我自己就不是一个会在家中摆很多装饰品的人。

在我十几岁的时候，确实有一段时间很喜欢摆放各式各样的小东西。如同当年穿搭配色也很大胆一样，我会将自己打扮得像一棵圣诞树，勇于尝试各种色彩，最爱的就是桃红色，从文具用品、服装配件到家居用品，只要可以选我就一定会选桃红色。

但万幸，家用电器或计算机外壳我选择了白色系，不然一整间屋子都是桃红色也未免太可怕了。而随着年龄的增长，喜好也随之发生了转变，现在的我虽不至于走极简的路线，但确实更偏好简约的设计，喜欢的色彩也变得更加柔和、温润，大地色系、深蓝色、深灰色更常出现在我的身边。

随着经济水平的提升，我挑选东西的方式也从便宜、多样化，到现在的在精不在多，越来越舍得花钱在更有品质的家具、家电或生活用品上。这样一来，空间反而简化了，更重要的是每一个进入家中的单品，都有一定的质感，也更耐用。

我很重视家里面的物品，它们在色系与材质上，都要能够互相搭配、衬托。很多人都习惯外出旅游时带回一些纪念品，例如去迪士尼就一定会忍不住购买一些周边商品吧！但很多人买的那一瞬间通常不会想到这个东西跟家里的风格是否搭配。于是就会出现，客厅很沉稳的沙发却搭配了卡通人物造型的抱枕，或是放置茶水的区域，各种完全不搭的杯子集合在一起。这些都是很小的细节，但确实会让空间的美感大打折扣。

香熏蜡烛和植物也可以是摆饰的一部分，只要选择有质感且能与家中风格搭配的生活道具，不一定非要特别购买艺术品，就能展现空间平衡和谐的美感。

我们可以得出一个结论，想要让空间达到舒适、清爽的视觉效果，并不是说你不能够买自己喜欢的东西，而是要确保所有开放区域的东西，都互相呼应。因此，如果你真的很喜欢迪士尼的人物抱枕，那么你可以把它放置在更有关联的地方，或是更私密的区域，而不是客厅。除非你的客厅本身想要呈现的就是比较童趣的感觉，那当然会很适合。

将生活用品作为陈设的一部分，便能自然展现高雅的品位。

另外，还有一个小技巧，如果你家里所出现的用品实在是琳琅满目，非常容易显乱，又不可能真的把所有东西都放进抽屉、柜子里，毕竟要天天拿取的东西一定是放在随手可取的地方，尤其是厨房、卫生间等处，一定会有很多瓶瓶罐罐，我的做法就是选购统一材质和款式，但尺寸各不相同的容器，把我们常用的米、面、油、杂粮与各种干货等装起来。

简约利落的小家用电器本身就是家中最好的装饰品。

常使用的小物件或零食可以使用统一的容器进行收纳，再利用托盘存放零碎的物品，就能达到美化空间的效果。

选择统一材质和色调的日常用品，更能彰显生活品位。

集品文创提供

使用统一材质和款式的容器将零碎的物品装起来，既方便使用，又能看起来清爽整洁。

每天都会用的东西就摆在层架上，不仅方便使用，视觉上也会显得很整齐，而且这样做，还会让整个空间充满生活气息，这才是真正的生活感。

至于家电类，我也会尽量统一色彩。我家的家政阳台很小，却同时要摆放洗衣机、吸尘器、猫砂盆和垃圾桶等，但由于它们色系是一致的，看起来也就很清爽和谐。

甚至包括我的宝宝出生后，因她而延伸出来的婴儿床、五斗柜、洗澡盆、小推车、儿童座椅等，我也都选择了统一的色系。因为我们家的空间比较小，所以我选择颜色时更重视单纯、单一，最喜欢用没有存在感的灰色、白色来进行整合。

即便你家的空间足够大，也推荐你使用这个方法，不用担心都是同样的色彩家会变得很单调、无趣。五花八门的电器各种色彩一字排开，反而更容易让空间看起来很杂而显得没有质感呢！

将画作挂置在视觉焦点处，就会
与空间共创和谐感。

墙面怎么装饰才不显杂乱？

我经常看到很多人会把家里的时钟、挂画挂得非常高，我猜想这是源自大家小时候的成长经历吧？在我的印象中很多餐厅或大气奢华的地方，都会挂上一些“骏马图”或是“锦鲤图”之类的宽幅画作。由于这些画作的尺寸很大，加上以前的家具通常也都是高靠背款式，所以画挂得接近天花板也是合情合理的。

但将这样的逻辑直接沿用到每一个空间、每一幅画，恐怕就行不通了。

前面提到过，软装陈设时要尽量去给大家创造一个视觉焦点。这句话有另一层含义，就是当你在墙上挂了画作时，我们的眼睛就会自然去看这个对象。当你将画作挂在一个适中的高度时，它就会跟空间产生协调感；如果画作挂得太高，看的人还要微微抬头，这就意味着你挂得高度不合适了。

有这样一种说法，说画作、时钟或其他壁饰要挂在眼睛能平视的高度。听起来很合理，但仔细想想又觉得哪里不对。你们说说，自己的平视高度跟姚明的平视高度，会是同一个高度吗？我想不会吧。那会不会有更具体的方法来确定呢？

我的做法是把一面墙垂直分成三等份，如果有梁，请直接略过梁，再进行分割。这时候的中间区域就是大多数人的平视范围。这个区域都是你可以挂壁饰的范围，再根据画作或是壁饰的大小，以及这面墙的前面是不是有沙发、餐边柜、五斗柜等来斟酌稍微再高一些还是低一些，就可以了。

将墙面分成上、中、下三等份，将画作摆放在中间区域是最合适的。

整合业主喜欢的素材，去伪存真地找出灵魂，然后用色彩去贯穿整合，并加上我对业主的理解，才能打造出理想的家，这也是我对风格的理解。

沐睦设计灯饰提供

第 4 章

不藏私的压箱宝

本章推荐给大家一些我经常去逛的家具店、家饰店，或是我觉得风格比较出众的咖啡厅、商业空间，希望读者可以从中获得更多的灵感。

01. VVG 好样集团

VVG 是 Very Very Good 的缩写，他们 1999 年创办的第一家餐厅位于台北东区小巷内，接着一路从餐厅、酒店、书店发展至咖啡店，经过 20 多年的耕耘，目前 VVG 系列的餐厅、咖啡店共有 6 家。与连锁餐厅不同，VVG 每一家店的特色与风格都是不同的，唯一共同的点就是美。

有“生活美学教母”之称的汪琴女士一路从床品业、VVG 好样店发展到创意店铺，她的好品位是我非常欣赏与敬佩的。创业以前她曾在某家居公司担任采购员，通过多年的游学、观展，累积了深厚的美学鉴赏力。她所经营的每一个空间都令我流连忘返，是我不定期就会去走走看看，沉淀自己并充电学习的好地方。

VVG 好样集团提供

VVG 好样集团提供

02. 贰房苑

这家由室内设计师开的咖啡馆，特色是不只卖咖啡、甜点，还有好吃的干拌面。当初这家店吸引我的原因当然是空间很美，但实际造访后发现他们家的食物也都非常美味。之前的店址位于台北瑞安街，也是我最初去的地方，后来搬到了台北潮州街后面，更是美出了新层次，直接改造了三层楼的老建筑。令人惊艳的是，他们还获得了 2020 年德国 iF 设计大奖（iF Design Award）的肯定。在这个店里，每个角落都有值得细细品位的巧思，从建筑外观到室内设计、陈列摆设、餐点、音乐，每一个环节都有能带给人无限灵感的设计巧思。

03. Calm Spa

这是一家位于泰国曼谷的 SPA 空间，只要去曼谷，我就会特意将这家店纳入行程。我很喜欢空间里自然质朴的氛围，结合木质、绿植等元素，让人一进入空间就能安静下来。每一间包房的规划也都很简单且耐看，更衣间、淋浴间也搭配得非常精致，让人一来到这里就感觉心情愉悦。

04. Feather Stone

位于泰国曼谷的 Feather Stone 是一家由室内设计师开办的餐厅。我非常喜欢它结合教堂中常见的彩绘玻璃和欧式建筑元素的设计。店主网罗了许多世界各地的收藏品来装饰室内，因此空间整体的异国风情相当浓厚，其中整面的蝴蝶标本墙也是当初令我印象深刻的画面之一。此外，虽然这家餐厅空间的配色非常大胆，但却不会让人感觉眼花缭乱或艳俗，这也是最难得的地方。

具有欧式风情的 Feather Stone 餐厅将精致的彩绘玻璃和雕花进行搭配，体现出优雅且没有距离感的空间氛围。

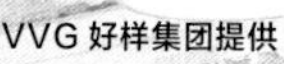

05. ODS 家居店

ODS 家居店位于泰国曼谷 Siam Discovery 购物中心三楼，以家居生活品牌为主，吸引了超过 130 个设计品牌进驻。喜欢逛家居饰品店的读者如果去泰国，千万不要错过了这个好地方。ODS 家居店还会不定期和设计师、艺术家合作举办各种工作坊课程，你也可以去碰碰运气。

网罗多位设计师的 ODS 家居店是热爱家饰的你不可错过的地方，在这里你一定可以找到自己想要的单品。

关于一些尴尬的家居问题

问题 1　面对房屋既有的老旧结构，如何改造才能彰显品位?

我自己的房子属于20年房龄的老房翻新，每一处规划都是按照我们的生活习惯和喜爱元素来布置的。例如我喜欢精致优雅的装饰风格，先生相对喜爱现代简约的装饰风格，于是我们就使用仿旧家具作为串联和过渡，让空间展现出较为中性的质感。因为预算有限，大部分都是我们自己亲手改造完成的。在房屋改造的过程中一定会遇到一些格局和既有水电设备等的问题，但都能通过一些技巧，让它们融入整个空间，成为家中美丽又特别的装饰。

就如前文提到的，我们家是没有餐桌和茶几的，仅有一张多功能混凝土桌，而搭配混凝土桌的白色多角墙面可不仅仅是出于造型，还隐藏着冰箱，因此从入户到客厅，都看不见体积庞大的冰箱。另外，在电视背景墙上装饰些草皮也是为了让电视机与沙发相互呼应，且有利于打造视觉中心，营造出休闲惬意的空间氛围，也算是相当具有实验性的安排和设计。

1 多角墙面结构其实是为了隐藏冰箱，以便让空间的视觉观感更加美观。

2 将草皮作为墙面装饰，竟意外成为空间的亮眼之处。

问题 2 软装改造时，你最常使用的小道具是什么？

软装改造时，有个非常好用的小道具叫作遮蔽胶带，在一般的家居店和乳胶漆店都可以买到，而且非常便宜。这原本是用于刷漆时贴在边边角角，防止不需要刷的地方被沾到。这是一种不太会有残胶的纸胶带，后来常被用来标记家具尺寸。

例如你的沙发宽度为 220 厘米，深度为 90 厘米，你就可以把这个尺寸用遮蔽胶带标记在地板上。茶几、边桌或地毯也能用同样的方法来标记，这样就能预先判断实际上的动线是否顺畅，家具尺寸是否合适。同样的方法也可以应用在挂墙的装饰画，先来感受一下画作实际在墙上的位置、间距等，是非常实用的方法。

如果墙面无法钉钉子，且你想在墙面上做多一些的装饰，那么 3M 无痕挂钩会是非常好的帮手，有多种款式可供选择，例如透明小挂钩，很适合用来挂一些布旗、小灯串、干燥花或小吊饰。

若是要挂画，如果是在布置拍照现场，那么我喜欢用相框形挂钩（锯齿形），画挂起来不会因挂钩的厚度而悬浮，挂钩也不会超出画框而穿帮。它真的是我用过最心仪的一款单品，在这里推荐给大家。

此外，由于我家的房子是拥有 20 年历史的老房子，所以原建筑的墙上一共有三部电话机。刚搬进来时我们为此很烦恼，不知道该如何遮丑，且因为它们都具备功能性，所以无法拆除。于是，我们就将泛黄的旧式电话机喷成红色，搭配黑色电话机，并加上画框，以装置艺术的概念凸显它们的存在，让其成为空间中独特的装饰摆件。

右边的三部电话机为灰色的墙面增添了独特的艺术感。

问题 3	如果预算有限，又想改造老房子，该怎么做？

就以我自己的家为例，看似运用了相当多的色彩，但其实主要只有灰色、蓝色和带点跳跃的黄色。由于我和先生都非常喜欢灰色和蓝色，为了打造出较为中性的空间，就将这两种色调作为空间主色。

空间中如果只有灰色和蓝色又会显得过于清冷，于是我们加入了黄色，让它作为点亮空间的色彩，也更能体现活泼灵动的朝气。例如我们的卧室墙面，就是相当大胆的设计，我们利用灰色、蓝色、黄色这三种主题色调做出自由奔放的效果。卫生间的地面花砖同样使用了这三种色调，创造出丰富且具张力的视觉效果。由此可见，仅使用三种色调并不会让空间显得单调乏味，结合不同的创意和材质变化，不仅可以构建出多彩斑斓的视觉效果，而且还相当独特呢！

1 如果你对自己的品位和审美有信心，不妨也发挥创意，打造出属于自己独一无二的家居风格。
2 卫生间也以灰、蓝、黄为主色调，让空间更加有层次感。

问题 4 当家庭成员改变时，如何创造出更多有效的使用空间？

许多家庭在新增家庭成员之后，家居风格也开始有了变化，例如增添了许多儿童玩具，铺上防撞地垫，或是必须腾出一部分空间来摆放更多的儿童用品等。但新成员的加入对我们来说并没有特别大的影响，我们还是希望空间所呈现的氛围是成熟的样子，同时也秉持“一进一出”的收纳原则，并未购入过多的儿童用品，仅购买了一个婴儿床和五斗柜，用来摆放她的个人物品。玩具也只有两个收纳盒的量，放置于电视机层架下方。

面对家庭新成员（多了两只猫和一位小朋友）和阶段性的改变，我反而会更刻意地简化生活空间中的装饰。因为空间的大小是固定的，所以如果想要维持舒适清爽的生活氛围，那么减少非必要的物品则是必需的。

孩子的空间收纳也是一件重要的事情，同样需秉持“一进一出”的收纳原则，利用和谐的色调，创造出既活泼可爱又有秩序的儿童空间。

iloom 家具提供

* 此为软装效果示范，非实景

客 户 真 心 话

江小姐

2018 年 1 月，我刚离职，准备开一家个人工作室，以催眠师的身份帮助客户与自己的潜意识沟通。虽然事情已过了数年，但是当时改造空间的过程如同奇迹一般，至今仍然历历在目。

我找到了一处位置、面积、预算都符合要求的空间，不过因为是老房子，整体的装修也都陈旧的：绿色大理石地板、传统的老窗花、不协调的壁纸，还有风格不搭配的家具。

正当我不知如何着手改造的时候，Carol 出现在了我眼前，光是她的作品集，就让我目不转睛，当时“软装设计”这个词还没有普及，我的大脑被点醒了，空间审美瞬间提升了好几个层次。

NO.001

我马上决定请Carol协助我改造工作室，Carol个人散发着一种专业的光芒（只是打开她的作品集就能轻易发现），更重要的是她总是为客户着想，能用精简的资源做出非常巧妙的搭配。改造现场难免会遇到各种突发情况，她也总能及时处理，整个改造过程既令人非常放心，又让人开心愉悦。

因为篇幅有限，原谅我无法完整地叙述那些既有趣又令人感动的改造故事，只能简单说说整个过程。除了获得了超级“治愈”又美好的空间之外，我还收获了一位优秀的挚友。

我深深相信有灵魂的空间本身就有强大的力量。这个工作室作为我新工作的起点，支持我为客户提供心灵沟通的服务，我在这里举办了许多场大大小小的活动，开启了许多美好的缘分。

在催眠师的职业生涯中，我常常听到客户分享他们的人生梦想，常见的版本之一是：能拥有属于自己喜欢风格的家。能认识Carol，受益于她所推广的生活美学是我的幸运。

这本书集结了Carol执业多年的心得，相当珍贵。相信此刻阅读本书的你，一定也是重视质感的生活家。请你从这本书开始，完成对家的想象，卷起袖子，从一桶乳胶漆、一束花、一件织品开始，装点出更美好的未来！

曾小姐

遇见 Carol 是因为在设计阶段，我们发现设计师画出来的图纸总是和我们心里的预期有些出入。在与帮助我们打包搬家的整理师阿好讨论这个烦恼的时候，她看完我们收集的照片说："你们喜欢的样子除了乳胶漆、地板之外都属于软装设计师的工作呀！"

于是她顺手为我们推荐了几个软装设计师的个人网页，我和我先生一眼就看上了 Carol 的风格，而且很幸运地在 Carol 档期快要排满前，她接了我们家的案子，从此我们就踏上了一场惊奇的装修旅程。

在装修房子的过程中，硬件设备我们全部交给室内设计师，其余的家具挑选、墙壁色彩、灯具搭配我们全心依赖着 Carol。

只要我们一找到喜欢的北欧风格老物件就会立刻发给 Carol，她会告诉我们它摆在家里的样貌。当我们对房间里的配色感到困惑时，她会给我们提供一些照片，让我们知道这样搭配的好处是什么、看起来感觉如何。甚至到窗帘店，Carol 帮我们挑选并搭配了从客厅到卫生间的窗帘，连预算也都替我们考虑进去了。当畅谈三个小时后从窗帘店出来时，我跟先生说："如果让我们来挑选，可能三天三夜也搞不定。"

最后，Carol 还帮我们选了抱枕、时钟，别小看它们，摆在客厅整个氛围就是不一样。即使我们现在已经入住一年多了，回家仍会有"怎么那么美的感叹"。谢谢 Carol 帮我们做出的每一个不会后悔的决定。

莎伦

（Sharon）

当初一个神奇的想法，让我有股冲动想打造自己的空间，于是就找到了一个不错的老房子，但内心忐忑不已，生怕自己没办法把空间改造得有温度又美。结果 Carol 如天使降临般联系了我（当时才刚认识，不是很熟）。我还记得自己兴奋地跟 Carol 讲我想做的共创空间的理念，Carol 也兴奋地说想要帮我，我们两人筹划着如何一起把空间变美。

于是我们开始了奇幻的空间装饰之旅。因为预算有限，加上我也很喜欢旧的和手工制作的物件。在 Carol 这个“军师”的护航之下，我们到二手木材商店找寻命中注定的门，一起去逛家具店，还买了一些荒谬的东西，一起把砖墙打掉，打到一半又觉得这种粗犷的感觉很棒，于是立刻叫停师傅。

最后我们真的打造出了一个风格上独一无二、又美又荒谬又有温度的空间，Carol 也成为我的空间布置启蒙导师。后来我自己也做了各种策展工作，时不时还是继续抓“军师”陪我一起冒险。

后记

22 岁毕业那年，我探索出自己真正喜爱的事就是家居布置。之后，我就一直在寻找机会，但总是不得其门而入。于是我开始不断改造自己的房间，作为最早期的作品，然后一步一步朝我的理想迈进。

直到三年前，我开始收到各种私信，有的人希望可以当我的助理、小帮手或学徒，有的人说“不支付薪水也没关系哦！”“打杂也可以哦！”

这些话当年我也都说过，我懂得那种满腔热血只求一个机会的心情。曾经我也吃过很多闭门羹，那时我就告诉自己，如果有一天我有能力、有资源了，一定要给真正有心的人一个机会。早些年自己经济也很拮据，还没有办法直接把设计方案让给别人来做。现在，我可以付出更多了，开始把手上的资源贡献出来，希望想入门的人可以有个垫脚石来跨过门槛。

这就是我 2020 年决定成立“软装人力银行”社团的原因，先在教学课堂中寻找有潜力的人，再协助他们从小方案开始实战，而我退居幕后去协助指导这些新手，唯有这样才能把我懂的东西真正传递下去。

有了这样的平台，不仅软装设计师可以得到锻炼，艺术家、花艺师、整理师，以及更多有能力、有才华但缺少锻炼舞台的人都能从中受益。对业主来说，未来他们也可以有更多的选择，这个市场就会被拓宽，形成良性的循环。搞艺术的人就不用再担心养不起自己了。

我真的非常非常喜欢“布置”这件事。自始至终我都是一个喜欢布置的人，这也是我所能想到的表达我喜爱这件事的最合适的方式。只要生活过得去并且能够快乐地工作，同时也能让别人快乐地做着他们所擅长的事，就是我认为最幸福的使命。

从前，我只有一个人。未来，期待有更多的人与我一起同行。

李佩芳